Eisenbetondecken, Eisensteindecken und Kunststeinstufen.

Eisenbetondecken, Eisensteindecken und Kunststeinstufen.

Bestimmungen und Rechnungsverfahren
nebst Zahlentafeln, zahlreichen Berechnungsbeispielen
und Belastungsangaben.

Zusammengestellt und berechnet

von

Carl Weidmann,
Stadtbauingenieur bei der Baupolizeiverwaltung in Stettin.

Mit 40 Textfiguren und 1 Tafel.

Springer-Verlag Berlin Heidelberg GmbH 1910

Additional material to this book can be downloaded from http://extras.springer.com

ISBN 978-3-662-32220-8 ISBN 978-3-662-33047-0 (eBook)
DOI 10.1007/978-3-662-33047-0

Vorwort.

Während meiner amtlichen Tätigkeit bei der Baupolizei-Verwaltung in Stettin hatte ich Gelegenheit zu beobachten, daß weitere Kreise, welche sich mit der Aufstellung statischer Berechnungen der im Hochbau gebräuchlichen ebenen massiven Konstruktionen zu beschäftigen haben, mit der Anwendung der einschlägigen ministeriellen Bestimmungen nicht genügend vertraut sind.

In dem vorliegenden Buche habe ich daher versucht, das Wissenswerteste über die genannten Massivkonstruktionen und ihre Berechnung in knapper Form zusammenzustellen und dem Bedürfnis weiterer Kreise durch Aufnahme einer größeren Anzahl von Berechnungsbeispielen, von Näherungsformeln und Zahlentafeln entgegen zu kommen.

Die Berechnungsbeispiele sind so gewählt und durchgerechnet, daß auch diejenigen, welche in der Aufstellung solcher statischer Berechnungen weniger geübt sind, das Buch mit Vorteil benutzen können. Auch für die Nachprüfung der statischen Berechnungen, insbesondere für die amtliche Prüfung der Baupolizei-Verwaltungen dürfte das Buch in mancher Hinsicht als ein die Prüfung erleichterndes Hilfsmittel anzusehen sein.

Von meiner vorgesetzten Behörde ist es als für den amtlichen Gebrauch geeignet anerkannt worden.

Stettin, im Juni 1910.

Weidmann.

Inhaltsverzeichnis.

I. Zusammenstellung der ministeriellen Runderlasse.

A. Eisenbetondecken.

Runderlaß, betreffend Bestimmungen für die Ausführung von Konstruktionen aus Eisenbeton bei Hochbauten.

Berlin, den 24. Mai 1907.

Die auf dem Gebiete des Eisenbetonbaues in den letzten Jahren gesammelten Erfahrungen haben es notwendig gemacht, die unterm 16. April 1904 erlassenen „Bestimmungen für die Ausführung von Konstruktionen aus Eisenbeton bei Hochbauten“[1]) zu ergänzen.

Ew. . . . . lasse ich beifolgend . . . . Abdrucke der demgemäß neubearbeiteten Bestimmungen vom heutigen Tage, die an die Stelle derjenigen vom 16. April 1904 treten, mit dem Ersuchen zugehen, dafür Sorge zu tragen, daß sowohl den privaten Bauausführungen wie auch den öffentlichen und Staatsbauten gegenüber von jetzt ab lediglich die neuen Vorschriften zur Anwendung gelangen. Die anliegenden Abdrucke sind für den Dienstgebrauch der Ew. . . . . beigegebenen Beamten, der Kreisbauinspektoren und, soweit die Baupolizei von staatlichen Behörden wahrgenommen wird, auch der beteiligten Beamten dieser Behörden bestimmt. Für den weiteren Bedarf, insbesondere den der Ortspolizeibehörden, weise ich darauf hin, daß die Abdrucke bei der Firma Wilhelm Ernst & Sohn, Berlin W. 66, Wilhelmstraße 90, zum Preise von 0,60 M. für das Stück zu beziehen sind. Ich ersuche, den nachgeordneten Behörden auch hiervon Kenntnis zu geben.

Der Minister der öffentlichen Arbeiten.
Breitenbach.

An die Herren Regierungspräsidenten und den
Herrn Polizeipräsidenten hier. — III. B 8. 239 I. A.

---

[1]) Zentralblatt der Bauverwaltung 1904, S. 253.

Bestimmungen für die Ausführung von Konstruktionen aus Eisenbeton bei Hochbauten.

I. Allgemeine Vorschriften.

A. Prüfung.

§ 1.

1. Der Ausführung von Bauwerken oder Bauteilen aus Eisenbeton hat eine besondere baupolizeiliche Prüfung voranzugehen. Zu diesem Zwecke sind bei Nachsuchung der Bauerlaubnis für ein Bauwerk, welches ganz oder zum Teil aus Eisenbeton hergestellt werden soll, Zeichnungen, statische Berechnungen und Beschreibungen beizubringen, aus denen die Gesamtanordnung und alle wichtigen Einzelheiten zu ersehen sind.

Falls sich der Bauherr oder Unternehmer erst im Verlauf der Ausführung des Baues für die Eisenbetonbauweise entscheidet, hat die Baupolizeibehörde darauf zu halten, daß die vorbezeichneten Unterlagen für die Prüfung der in Eisenbeton auszuführenden Bauteile rechtzeitig vor dem Beginn ihrer Ausführung beigebracht werden. Mit der Ausführung darf in keinem Fall vor erteilter Genehmigung begonnen werden.

2. In der Beschreibung ist der Ursprung und die Beschaffenheit der zum Beton zu verwendenden Baustoffe, ihr Mischungsverhältnis, der Wasserzusatz sowie die Druckfestigkeit, die der zu verwendende Beton aus den auf der Baustelle zu entnehmenden Baustoffen in dem vorgesehenen Mischungsverhältnis nach 28 Tagen in Würfelkörpern von 30 cm Seitenlänge erreichen soll, anzugeben. Die Druckfestigkeit ist auf Erfordern der Baupolizeibehörde vor dem Beginn durch Versuche nachzuweisen.

3. Der Beton soll nach Gewichtseinheiten gemischt werden; als Einheit hat der Sack = 57 kg oder das Faß = 170 kg Zement zu gelten. Die Zuschläge können entweder zugewogen oder in Gefäßen zugemessen werden, deren Inhalt vorher so zu bestimmen ist, daß sein Gewicht dem vorgesehenen Mischungsverhältnis entspricht.

4. Die Vorlagen sind von dem Bauherrn, dem Unternehmer, der den Entwurf aufgestellt hat, und demjenigen, der die Ausführung bewirkt, zu unterschreiben. Ein Wechsel in der Person des ausführenden Unternehmers ist der Polizeibehörde sofort mitzuteilen.

§ 2.

1. Die Eigenschaften der zum Beton zu verwendenden Baustoffe sind erforderlichenfalls durch Zeugnisse einer amtlichen Prüfungsanstalt nachzuweisen. Diese Zeugnisse dürfen in der Regel nicht älter als ein Jahr sein.

2. Es darf nur Portlandzement verwendet werden, der den preußischen Normen entspricht. Die Zeugnisse über die Beschaffenheit müssen Angaben über Raumbeständigkeit, Bindezeit, Mahlfeinheit, sowie über Zug- und Druckfestigkeit enthalten. Von der Raumbeständigkeit und Bindezeit hat sich der Ausführende durch eigene Proben zu überzeugen.

3. Sand, Kies und sonstige Zuschläge müssen zur Betonbereitung und zu dem beabsichtigten Verwendungszwecke geeignet sein. Das Korn der Zuschläge darf nur so grob sein, daß das Einbringen des Betons und das Einstampfen zwischen den Eiseneinlagen und zwischen der Schalung und den Eiseneinlagen noch mit Sicherheit und ohne Verschiebung der Eisen möglich ist.

§ 3.

1. Das Verfahren der statischen Berechnung muß mindestens dieselbe Sicherheit gewähren, wie die Berechnung nach den Leitsätzen in Abschnitt II und nach dem Rechnungsverfahren mit Beispielen in Abschnitt III dieser Bestimmungen. Dies ist auf Erfordern von dem Unternehmer nachzuweisen.

2. Bei noch unerprobter Bauweise kann die Baupolizeibehörde die Zulassung von dem Ausfalle zuvoriger Probeausführungen und Belastungsversuche abhängig machen. Die Belastungsversuche sind bis zum Bruche durchzuführen.

B. Ausführung.

§ 4.

1. Die Baupolizeibehörde kann die Eigenschaften der in der Verarbeitung begriffenen Baustoffe durch eine amtliche Prüfungsanstalt oder in einer sonst ihr geeignet erscheinenden Weise feststellen, sowie eine Festigkeitsprüfung des aus ihnen hergestellten Betons vornehmen lassen. Die Prüfung der Festigkeit kann auch auf der Baustelle mittels einer Betonpresse, deren Zuverlässigkeit durch eine amtliche Prüfungsanstalt bescheinigt ist, erfolgen.

2. Die für die Prüfung bestimmten Betonkörper müssen Würfelform von 30 cm Seite erhalten. Die Probekörper sind mit der Be-

zeichnung des Anfertigungstages zu versehen, durch ein Siegel zu kennzeichnen und bis zu ihrer Erhärtung nach Anweisung der Baupolizeibehörde aufzubewahren.

3. Der Zement ist in der Ursprungspackung auf die Verwendungsstelle anzuliefern.

4. Das Mischen des Betons muß derart erfolgen, daß die Menge der einzelnen Bestandteile dem vorgesehenen Mischungsverhältnis stets genau entspricht und jederzeit leicht gemessen werden kann. Bei Benutzung von Meßgefäßen ist die Füllung zur Erzielung möglichst gleichmäßig dichter Lagerung in stets gleicher Weise zu bewirken.

§ 5.

1. Die Verarbeitung der Betonmasse muß in der Regel sofort nach ihrer Fertigstellung begonnen werden und vor Beginn ihres Abbindens beendet sein.

2. Die Betonmasse darf bei warmer und trockener Witterung nicht länger als eine Stunde, bei kühler oder nasser Witterung nicht länger als zwei Stunden unverarbeitet liegen bleiben. Nicht sofort verarbeitete Betonmasse ist vor Witterungseinflüssen, wie Sonne, Wind, starkem Regen, zu schützen und vor der Verwendung umzuschaufeln.

3. Die Verarbeitung der eingebrachten Betonmasse muß stets ohne Unterbrechung bis zur Beendigung des Stampfens durchgeführt werden.

4. Die Betonmasse ist in Schichten von höchstens 15 cm Stärke einzubringen und in einem dem Wasserzusatz entsprechenden Maße durch Stampfen zu verdichten. Zum Einstampfen sind passend geformte Stampfen von angemessenem Gewicht zu verwenden.

§ 6.

1. Die Eiseneinlagen sind vor der Verwendung sorgfältig von Schmutz, Fett und losem Rost zu befreien. Mit besonderer Sorgfalt ist darauf zu achten, daß die Eiseneinlagen die richtige Lage und Entfernung voneinander, sowie die vorgesehene Form erhalten, durch besondere Vorkehrungen in ihrer Lage festgehalten und dicht mit besonderer, entsprechend feinerer Betonmasse umkleidet werden. Liegen in Balken die Eisen in mehreren Lagen übereinander, so ist jede Lage für sich zu umkleiden. Unterhalb der Eiseneinlagen muß in Balken noch eine Betonstärke von mindestens 2 cm, in Platten von mindestens 1 cm vorhanden sein.

2. Die Schalungen und Stützen der Decken und Balken müssen vollkommenen Widerstand gegen Durchbiegungen und ausreichende Festigkeit gegen die Einwirkungen des Stampfens bieten. Die Schalungen sind so anzuordnen, daß sie unter Belassung der bis zur völligen Erhärtung des Betons notwendigen Stützen gefahrlos entfernt werden können. Zu den Stützen sind tunlichst nur ungestoßene Hölzer zu verwenden. Sind Stöße unvermeidlich, so müssen die Stützen an den Stoßstellen fest und sicher verbunden werden.

3. Verschalungen von Säulen sind so anzuordnen, daß das Einbringen und Einstampfen der Betonmasse von einer offenen, mit dem Fortschreiten der Arbeit zu schließenden Seite erfolgen und genau beobachtet werden kann.

4. Von der Beendigung der Einschalung und dem beabsichtigten Beginn der Betonarbeiten in jedem einzelnen Geschosse ist der Baupolizeibehörde mindestens drei Tage vorher Anzeige zu machen.

§ 7.

1. Die einzelnen Betonschichten müssen tunlichst frisch auf frisch verarbeitet werden; auf alle Fälle ist die Oberfläche der älteren Schicht aufzurauhen.

2. Beim Weiterbau auf erhärtetem Beton muß die alte Oberfläche aufgerauht, sauber abgekehrt, angenäßt und unmittelbar vor Aufbringen neuer Betonmasse mit einem dünnen Zementbrei eingeschlemmt werden.

§ 8.

Bei der Herstellung von Wänden und Pfeilern in mehrgeschossigen Gebäuden darf mit der Ausführung in dem höheren Geschoß erst nach ausreichender Erhärtung dieser Bauteile in den darunter liegenden Geschossen begonnen werden. Von der Fortsetzung der Arbeiten im höheren Geschoß ist der Baupolizeibehörde mindestens drei Tage vorher Nachricht zu geben.

§ 9.

1. Bei Frostwetter darf nur in solchen Fällen gearbeitet werden, wo schädliche Einwirkungen des Frostes durch geeignete Maßnahmen ausgeschlossen sind. Gefrorene Baustoffe dürfen nicht verwendet werden.

2. Nach längeren Frostzeiten (§ 11) darf beim Eintritt milderer Witterung die Arbeit erst wieder aufgenommen werden, nachdem die Zustimmung der Baupolizeibehörde dazu eingeholt ist.

§ 10.

1. Bis zur genügenden Erhärtung des Betons sind die Bauteile gegen die Einwirkungen des Frostes und gegen vorzeitiges Austrocknen zu schützen, sowie vor Erschütterungen und Belastungen zu bewahren.

2. Die Fristen, die zwischen der Beendigung des Einstampfens und der Entfernung der Schalungen und Stützen liegen müssen, sind von der jeweiligen Witterung, von der Stützweite und dem Eigengewicht der Bauteile abhängig. Die seitliche Schalung der Balken, die Einschalung der Stützen, sowie die Schalung von Deckenplatten darf nicht vor Ablauf von acht Tagen, die Stützung der Balken nicht vor Ablauf von drei Wochen beseitigt werden. Bei größeren Stützweiten und Querschnittsabmessungen sind die Fristen unter Umständen bis zu sechs Wochen zu verlängern.

3. Bei mehrgeschossigen Gebäuden darf die Stützung der unteren Decken und Balken erst dann entfernt werden, wenn die Erhärtung der oberen so weit vorgeschritten ist, daß diese sich selbst zu tragen vermögen.

4. Ist das Einstampfen erst kurze Zeit vor Eintritt von Frost beendet, so ist beim Entfernen der Schalung und der Stützen besondere Vorsicht zu beachten.

5. Tritt während der Erhärtungsdauer Frost ein, so sind mit Rücksicht darauf, daß die Erhärtung des Betons durch den Frost verzögert wird, die in Absatz 2 genannten Fristen um die Dauer der Frostzeit zu verlängern.

6. Beim Entfernen der Schalungen und Stützen müssen durch besondere Vorkehrungen (Keile, Sandtöpfe u. dergl.) Erschütterungen vermieden werden.

7. Von der beabsichtigten Entfernung der Schalungen und Stützen ist der Baupolizeibehörde rechtzeitig, und zwar mindestens 3 Tage vorher Anzeige zu machen.

§ 11.

Über den Gang der Arbeiten ist ein Tagebuch zu führen und auf der Baustelle stets zur Einsichtnahme bereit zu halten. Frosttage sind darin unter Angabe der Kältegrade und der Stunde ihrer Messung besonders zu vermerken.

C. Abnahme.

§ 12.

1. Bei der Abnahme müssen die Bauteile an verschiedenen, von dem abnehmenden Beamten zu bestimmenden Stellen freiliegen,

so daß die Art der Ausführung zu erkennen ist. Auch bleibt es vorbehalten, die einwandfreie Herstellung, den erreichten Erhärtungsgrad und die Tragfähigkeit durch besondere Versuche festzustellen.

2. Bestehen über das Mischungsverhältnis und den Erhärtungsgrad begründete Zweifel, so können Proben aus den fertigen Bauteilen zur Prüfung entnommen werden.

3. Werden Probebelastungen für nötig erachtet, so sind diese nach Angabe des abnehmenden Beamten vorzunehmen. Dem Bauherrn und dem Unternehmer wird rechtzeitig davon Kenntnis gegeben und die Beteiligung anheimgestellt. Probebelastungen sollen erst nach 45tägiger Erhärtung des Betons vorgenommen und auf den nach Ermessen der Baupolizeibehörde unbedingt notwendigen Umfang beschränkt werden.

4. Bei der Probebelastung von Deckenplatten und Balken ist folgendermaßen zu verfahren. Bei Belastung eines ganzen Deckenfeldes soll, wenn mit g das Eigengewicht und mit p die gleichmäßig verteilte Nutzlast bezeichnet wird, die Auflast den Wert von $0{,}5\,g + 1{,}5\,p$ nicht übersteigen. Bei höheren Nutzlasten als 1000 kg/qm können Ermäßigungen bis zur einfachen Nutzlast eintreten. Soll nur ein Streifen des Deckenfeldes zur Probe belastet werden, so ist die Auflast in der Deckenmitte gleichmäßig auf einem Streifen zu verteilen, dessen Länge gleich der Spannweite und dessen Breite ein Drittel der Spannweite, mindestens aber 1 m ist. Die Auflast soll hierbei den Wert von $g + 2p$ nicht übersteigen. Als Eigenlast gelten die sämtlichen zur Herstellung der Decken und Fußböden bestimmten Bauteile, als Nutzlasten die in § 16 Ziffer 3 aufgeführten erhöhten Werte.

5. Bei Probebelastungen von Stützen ist ein ungleichmäßiges Setzen der Bauteile und eine das zulässige Maß überschreitende Belastung des Untergrundes zu verhüten.

II. Leitsätze für die statische Berechnung.

A. Eigengewicht.

§ 13.

1. Das Gewicht des Betons einschließlich der Eiseneinlagen ist zu 2400 kg für das Kubikmeter anzunehmen, sofern nicht ein anderes Gewicht nachgewiesen wird.

2. Bei Decken ist außer dem Gewicht der tragenden Bauteile das Gewicht der zur Bildung des Fußbodens dienenden Baustoffe nach bekannten Einheitssätzen zu ermitteln.

B. Ermittlung der äußeren Kräfte.[1])

§ 14.

1. Bei den auf Biegung beanspruchten Bauteilen sind die Angriffsmomente und Auflagerkräfte je nach der Art der Belastung und Auflagerung den für frei aufliegende oder durchgehende Balken geltenden Regeln gemäß zu berechnen.

2. Bei frei aufliegenden Platten ist die Freilänge zuzüglich der Deckenstärke in der Feldmitte, bei durchgehenden Platten die Entfernung zwischen den Mitten der Stützen als Stützweite in die Berechnung einzuführen. Bei Balken gilt die um die erforderliche Auflagerlänge vergrößerte freie Spannweite als Stützweite.

3. Bei Platten und Balken, die über mehrere Felder durchgehen, darf, falls die wirklich auftretenden Momente und Auflagerkräfte nicht rechnerisch nach den für durchgehende Balken geltenden Regeln unter Voraussetzung freier Auflagerung auf den Mittel- und Endstützen oder durch Versuche nachgewiesen werden, das Biegungsmoment in den Feldmitten zu vier Fünfteln des Wertes angenommen werden, der bei einer auf zwei Stützen frei aufliegenden Platte vorhanden sein würde. Über den Stützen ist dann das negative Biegungsmoment so groß, wie das Feldmoment bei beiderseits freier Auflagerung anzunehmen. Als durchgehend dürfen nach dieser Regel Platten und Balken nur dann berechnet werden, wenn sie überall auf festen, in einer Ebene liegenden Stützen oder auf Eisenbetonbalken aufliegen. Bei Anordnung der Eiseneinlagen ist unter allen Umständen die Möglichkeit des Auftretens negativer Momente sorgfältig zu berücksichtigen.

4. Bei Balken darf ein Einspannungsmoment an den Enden nur dann in Rechnung gestellt werden, wenn besondere bauliche Vorkehrungen eine sichere Einspannung nachweislich gewährleisten.

5. Die rechnerische Annahme des Zusammenhanges darf nicht über mehr als drei Felder ausgedehnt werden. Bei Nutzlasten von mehr als 1000 kg/qm ist die Berechnung auch für die ungünstigste Lastverteilung anzustellen.

6. Bei Plattenbalken darf die Breite des plattenförmigen Teiles von der Balkenmitte ab nach jeder Seite mit nicht mehr als einem Sechstel der Balkenlänge in Rechnung gestellt werden.

---

[1]) Erläuterung zu § 14 S. 11.

7. Ringsum aufliegende, mit sich kreuzenden Eiseneinlagen versehene Platten können bei gleichmäßig verteilter Belastung, wenn ihre Länge a weniger als das Ein- und Einhalbfache ihrer Breite b beträgt, nach der Formel $M = \frac{p \cdot b^2}{12}$ berechnet werden. Gegen negative Angriffsmomente an den Auflagern sind Vorkehrungen durch Form und Lage der Eisenstäbe zu treffen.

8. Die rechnungsmäßig sich ergebende Dicke der Platten und der plattenförmigen Teile der Plattenbalken ist überall auf mindestens 8 cm zu bringen.

9. Bei Stützen ist auf die Möglichkeit einseitiger Belastung Rücksicht zu nehmen.

C. Ermittlung der inneren Kräfte.

§ 15.

1. Das Elastizitätsmaß des Eisens ist zu dem Fünfzehnfachen von dem des Betons anzunehmen, wenn nicht ein anderes Elastizitätsmaß nachgewiesen wird.

2. Die Spannungen im Querschnitt des auf Biegung beanspruchten Körpers sind unter der Annahme zu berechnen, daß sich die Ausdehnungen wie die Abstände von der Nullinie verhalten, und daß die Eiseneinlagen sämtliche Zugkräfte aufzunehmen vermögen.

3. Bei Bauten oder Bauteilen, die der Witterung, der Nässe, den Rauchgasen und ähnlichen schädlichen Einflüssen ausgesetzt sind, ist außerdem nachzuweisen, daß das Auftreten von Rissen im Beton durch die vom Beton zu leistenden Zugspannungen vermieden wird.

4. Schubspannungen sind nachzuweisen, wenn Form und Ausbildung der Bauteile ihre Unschädlichkeit nicht ohne weiteres erkennen lassen. Sie müssen, wenn zu ihrer Aufnahme keine Mittel in der Anordnung der Bauteile selbst gegeben sind, durch entsprechend gestaltete Eiseneinlagen aufgenommen werden.

5. Die Eiseneinlagen sind möglichst so zu gestalten, daß die Verschiebung gegen den Beton schon durch ihre Form verhindert wird. Die Haftspannung ist stets rechnerisch nachzuweisen.

6. Die Berechnung der Stützen auf Knicken soll erfolgen, wenn ihre Höhe mehr als das Achtzehnfache der kleinsten Querschnittsabmessung beträgt. Durch Querverbände ist der Abstand der eingelegten Eisenstäbe unveränderlich gegeneinander festzulegen. Der Abstand dieser Querverbände muß annähernd der kleinsten Abmessung der Stütze entsprechen, darf aber nicht über das Dreißigfache der Stärke der Längsstäbe hinausgehen.

7. Zur Berechnung der Stützen auf Knicken ist die Eulersche Formel anzuwenden.

D. Zulässige Spannungen.

§ 16.

1. Bei den auf Biegung beanspruchten Bauteilen soll die Druckspannung des Betons den sechsten Teil seiner Druckfestigkeit, die Zug- und Druckspannung des Eisens den Betrag von 1000 kg/qcm nicht übersteigen.

2. Wird in den unter § 15, Ziffer 3 bezeichneten Fällen die Zugspannung des Betons in Anspruch genommen, so sind als zulässige Spannung zwei Drittel der durch Zugversuche nachgewiesenen Zugfestigkeit des Betons anzunehmen. Bei fehlendem Zugfestigkeitsnachweis darf die Zugspannung nicht mehr als ein Zehntel der Druckfestigkeit betragen.

3. Dabei sind folgende Belastungswerte anzunehmen:

a) Bei mäßig erschütterten Bauteilen, z. B. bei Decken von Wohnhäusern, Geschäftsräumen, Warenhäusern: die wirklich vorhandene Eigen- und Nutzlast,

b) bei Bauteilen, die stärkeren Erschütterungen oder stark wechselnder Belastung ausgesetzt sind, wie z. B. bei Decken in Versammlungsräumen, Tanzsälen, Fabriken, Lagerhäusern: die wirkliche Eigenlast und die bis zu fünfzig vom Hundert erhöhte Nutzlast,

c) bei Belastungen mit starken Stößen, wie z. B. bei Kellerdecken unter Durchfahrten und Höfen: die wirkliche Eigenlast und die bis zu hundert vom Hundert erhöhte Nutzlast.

4. In Stützen darf der Beton mit nicht mehr als einem Zehntel seiner Druckfestigkeit beansprucht werden. Bei Berechnung der Eiseneinlagen auf Knicken ist fünffache Sicherheit nachzuweisen.

5. Die Schubspannung des Betons darf das Maß von 4,5 kg/qcm nicht überschreiten. Wird größere Schubfestigkeit nachgewiesen, so darf die auftretende Spannung nicht über ein Fünftel dieser Festigkeit hinausgehen.

6. Die Haftspannung darf die zulässige Schubspannung nicht überschreiten.

Runderlaß vom 25. März 1908.

Die Verwendung von Kohlenschlacke zur Herstellung von Beton, des sogenannten Schlackenbeton, ist bezüglich der Ausführung von Eisenbetonbauten allgemein, also auch für die sogenannte Zugzone in Decken und Balken, zu verbieten. Die Verwendung der Schlacke zur Herstellung von sonstigem Beton, sogenanntem Stampfbeton, wird nur da zuzulassen sein, wo die Gefahr, daß tragende Eisenteile mit derartigem Beton in Berührung kommen oder Menschen von herabfallendem Putzmörtel getroffen werden können, ausgeschlossen ist.

Runderlaß vom 11. April 1908.

Erläuterung zu § 14.

Über die Auslegung des § 14 der „Bestimmungen über die Ausführung von Konstruktionen aus Eisenbeton bei Hochbauten" vom 24. Mai 1907 sind verschiedentlich Zweifel entstanden, die auch zu Erörterungen in der in Betracht kommenden technischen Literatur Anlaß gegeben haben. Es ist namentlich die Auffassung hervorgetreten, daß bei Eisenbetondecken, die über mehrere Felder durchgehen und eine geringere Nutzlast als 1000 kg/qm erhalten, eine gleichmäßig über alle Felder verteilte Belastung der Berechnung zugrunde zulegen sei. Diese Auslegung findet in dem Wortlaute der Bestimmungen vom 24. Mai 1907 — § 14 Ziffer 3 und 5 — keine Stütze. Denn nach Ziffer 3 ist bei durchgehenden Platten und Balken, wenn die auftretenden Momente nicht durch Versuche nachgewiesen werden, entweder eine Berechnung nach den für durchgehende Balken geltenden Regeln oder eine überschlägliche Berechnung in der Weise anzustellen, daß die Feldmomente durchweg $\frac{p \cdot l^2}{10}$ und die Stützmomente zu $\frac{p \cdot l^2}{8}$ angenommen werden. Als Berechnung nach den für durchgehende Balken geltenden Regeln ist aber die auf die ungünstigste Laststellung gestützte zu betrachten. Die Berechnung mit gleichmäßig über die einzelnen Felder verteilter Nutzlast ist hiernach überhaupt nicht, auch nicht für Nutzlasten von weniger als 1000 kg/qm zulässig. Die besondere Bestimmung im zweiten Satz der Ziffer 5 bezweckt nur, die Anstellung einer Vergleichsberechnung bei höheren Nutzlasten zu sichern.

In Vertretung.
(Unterschrift.)

Runderlaß vom 18. September 1909.

(Ergänzung vom 21. Dezember 1909.)

Säulen aus eisenumschnürtem Beton.

Neuerdings werden bei Bauausführungen mehrfach Säulen aus eisenumschnürtem Beton nach einer von A. Considère hierfür angegebenen Ausbildungsweise in Anwendung gebracht. Der Zulassung solcher Säulen will ich nicht entgegen sein, wenn dabei die nachstehende Berechnungsweise zugrunde gelegt wird:

Ist F_b der gesamte Betonquerschnitt,

F_e der gesamte Querschnitt der senkrechten Eiseneinlage,

F_s' der Querschnitt einer gedachten, ebenfalls senkrechten Eiseneinlage, der entsteht, wenn die in der steigenden Einheit der Säule vorhandene Eisenmenge der Umschnürung in eine auf die gleiche Länge mit gleicher Menge angenommene Längseinlage umgewandelt ist,

so wird mit dem hieraus gebildeten ideellen Säulenquerschnitte $F_i = F_b + 15\ F_e + 30\ F_s'$ die zulässige Belastung P der Säule bestimmt aus $P = \sigma_b \,.\, F_i$, worin σ_b die nach den bestehenden Vorschriften zulässige Druckspannung des Betons in Stützen bedeutet. Der aus vorstehender Formel entstehende größere Querschnitt F_i wird jedoch nur so lange gestattet, als er über 2 F_b nicht hinausgeht.

Als Anhalt für die Berechnungsweise der umschnürten Säulen diene folgendes Beispiel:

Eine Säule von 45 cm Durchmesser und $F_b = 1590$ qcm hat 6 Längseinlagen von je 2,0 cm Durchm. oder $F_e = 6 \,.\, 3{,}14 = 18{,}84$ qcm. Die um die Längseisen laufende Umschnürung hat bei 40 cm Durchmesser der Spiralringe auf das steigende Meter Säule 20 Eisenringe von je 1,4 cm Durchmesser und $F_s = 1{,}54$ qcm, so daß sich für das steigende Meter Säule F_s' aus der Gleichung ergibt:

$$F_s' \,.\, 1{,}0 = 20 \,.\, 3{,}14 \,.\, 0{,}40 \,.\, 1{,}54 = 38{,}68 \text{ qcm},$$

und mithin:

$$F_i = 1590 + 15 \,.\, 18{,}84 + 30 \,.\, 38{,}68 = 3033 \text{ qcm};$$
$$2 \,.\, 1590 = 3180 \text{ qcm}.$$

Haben die Probewürfel eine Druckfestigkeit von 200 kg/qcm besessen, so ist eine zulässige Druckspannung der Säule $\frac{200}{10} = 20$ kg/qcm vorhanden und es kann somit eine Belastung der Säule zugelassen werden

$$P = 20 \,.\, 3{,}033 = 60{,}7 \text{ t}.$$

Die Knickfestigkeit ist nach den bestehenden Vorschriften nachzuweisen.

In Ergänzung meiner Rundverfügung vom 18. September d. J. — die Zulassung von Säulen aus umschnürtem Beton betreffend — weise ich darauf hin, daß das dort angegebene Rechnungsverfahren nicht allein bei Ausführungen nach der Considèreschen Ausbildungsweise, sondern ebenso auch bei anderen spiralartigen Querbewehrungen zugrunde zu legen ist, die auf die Tragfähigkeit des Eisenbetons dieselbe Wirkung ausüben.

B. Eisensteindecken.

Runderlaß vom 21. Januar 1909.

Zusammengefaßt mit der Ergänzung vom 27. Mai 1909.

Unter Aufhebung der Runderlasse vom 6. Mai 1904 (III. B. 2790) und vom 11. April 1905 (III. B. 1993) wird hinsichtlich der baupolizeilichen Behandlung ebener massiver Decken bei Hochbauten das Nachstehende bestimmt.

Die Bestimmungen für die Ausführung von Konstruktionen aus Eisenbeton bei Hochbauten vom 24. Mai 1907 finden auf ebene Decken aus Ziegelsteinen mit Eiseneinlagen sinngemäße Anwendung, sofern die statischen Verhältnisse, namentlich die Form und Lage der Eisenstäbe, den Voraussetzungen entsprechen, die den genannten Bestimmungen im II. und III. Abschnitt zugrunde liegen. Das Elastizitätsmaß des Ziegelkörpers kann dabei zum fünfundzwanzigsten Teil von dem des Eisens angenommen werden ($n = 25$).

Zulässige Druckbeanspruchung des Steinmaterials.

Die bei der Biegung in der Steinlage auftretende größte Druckspannung soll, die Verwendung von Zementmörtel vorausgesetzt, nicht 15 v. H. der durch amtliche Zeugnisse nachzuweisenden Druckfestigkeit der Steine überschreiten, in keinem Falle aber mehr als 35 kg/qcm betragen.

Betonschicht auf der Steinlage (vergl. Fig. 3, S. 16).

Eine zur Erhöhung der Tragfähigkeit aufgebrachte Betonschicht bleibt, wenn sie weniger als 3 cm stark ist, bei der Tragfähigkeitsberechnung außer Betracht; bei mindestens 3 cm, aber nicht mehr als 5 cm Stärke kann die Tragfähigkeit nach obigen Vorschriften für Steindecken mit Eiseneinlagen, also mit $n = 25$ berechnet werden.

Fällt jedoch die Nullinie innerhalb dieser Betonschicht oder hat letztere eine größere Stärke als 5 cm, dann ist die Decke stets als eine Eisenbetondecke nach den Bestimmungen vom 24. Mai 1907, also mit $n = 15$ zu berechnen, wobei die Ziegelsteine nur als Ausfüllung der Zugzone zu betrachten sind.

Das Mischungsverhältnis der Betonschicht darf nicht magerer sein als ein Raumteil Zement auf drei Raumteile Kiessand, und darf der Beton bei diesem Mischungsverhältnis 1 : 3 höchstens mit 35 kg/qcm auf Druck beansprucht werden.

Schubspannungen.

Die Schubbeanspruchung der Deckensteine darf in der Regel das Maß von 2,5 kg/qcm nicht überschreiten. Werden in einzelnen Fällen größere Druckfestigkeiten der Deckensteine als 225 kg/qcm nachgewiesen, so ist eine entsprechende Steigerung der zulässigen Schubspannungen jedoch bis höchstens 4,5 kg/qcm statthaft.[1]

Haftspannungen.

Die Haftspannung zwischen den Eiseneinlagen und dem Fugenmörtel kann entsprechend den Bestimmungen für Eisenbetonkonstruktionen zu 4,5 kg/qcm angenommen werden.

Berechnung der Biegungsmomente.

Plattenförmige Decken, die beiderseits auf den unteren Flanschen eiserner Träger aufruhen und dicht an die Stege dieser Träger anschließen, dürfen als halb eingespannt angesehen und nach der Formel $M = \frac{q \cdot l^2}{10}$ berechnet werden (vergl. Fig. 1 *a* und 3, S. 16). Das gleiche gilt von solchen Decken, die auf gestelzten Auflagern über den Unterflanschen von eisernen Trägern aufliegen, und bei denen eine Verspannung zwischen Decke und Trägeroberflansch durch Beton hergestellt wird; indessen müssen die gestelzten Auflager aus Beton 1 : 3 bestehen und mit möglichst flacher Neigung an die Decken anschließen (vergl. Fig. 2 *a* S. 16). Decken ohne Aufbetonierung können, wenn sie als Endfelder einerseits unmittelbar auf Trägerflanschen oder auf gestelzten Auflagern und andererseits

---

[1]) Die zulässige Schubspannung

$$\tau_0 = \frac{Ks \cdot 2{,}5}{225} \leq 4{,}5 \text{ kg/qcm};$$

z. B. bei einer Druckfestigkeit der Deckensteine von 300 kg/qcm

$$\tau_0 = \frac{300 \cdot 2{,}5}{225} = 3{,}3 \text{ kg/qcm}.$$

auf Mauern aufruhen, ebenfalls als halb eingespannt angesehen und nach $M = \frac{q \cdot l^2}{10}$ berechnet werden[1]) (vergl. Fig. 1 *b* und 2 *b* S. 16).

Werden die Decken indessen nach Art von Plattenbalken in der Weise ausgebildet, daß die eisernen Träger nur von einzelnen, mehr oder weniger scharf ausgebildeten Balken belastet werden und die Ziegelsteinplatte nur die Zwischenräume dieser Balken überdeckt oder ausfüllt, so sind sie nur als frei aufliegend anzusehen.[2])

Ermittelung der Druckfestigkeit der Deckensteine.

Über das Verfahren zur Ermittelung der Druckfestigkeit der Deckensteine bestimmte Vorschriften zu geben, ist bei der Verschiedenheit der Steinarten nicht angängig. Es ist zulässig, die aus den zur Verwendung bestimmten Steinen zur Ermittelung der Druckfestigkeit ausgewählten durch eine amtliche Versuchsanstalt auf eine geringere Länge schneiden zu lassen, damit ein Vergleich mit der für andere Baustoffe maßgebenden Würfelfestigkeit erleichtert wird. Die Länge solcher Körper würde etwa aus der Formel $e = \sqrt{F}$ zu ermitteln sein, wobei F den Querschnitt der Steine nach Abzug der Hohlräume bedeutet.

Steindecken ohne Eiseneinlagen.

Auf ebene Decken ohne Eiseneinlagen sind vorstehende Vorschriften nicht anwendbar. Wenn sie nach ihrer Einzelgestaltung nicht als gewölbeartige Konstruktionen angesehen und berechnet werden können, wird ihre Tragfähigkeit in der Regel durch Probebelastungen, die bis zum Bruch durchgeführt werden, zu ermitteln sein.

Als zulässige Nutzlast ist ein Zehntel der aufgebrachten Probelast, die den Bruch herbeiführte, anzusehen. Die Genehmigung ist nur für die bei den Probedecken gewählte Spannweite, Stärke und Auflagerungsart zu erteilen, auch wenn die Bruchlast mehr als das Zehnfache der beabsichtigten Nutzlast betragen sollte.

Wegen der Verpflichtung zur Tragung der Kosten, welche durch die baupolizeiliche Prüfung der vorerwähnten Konstruktionen, die Überwachung ihrer Ausführung und die Bauabnahme entstehen, gilt das im Erlasse vom 16. April 1904 (III. B. 2786) Gesagte.

---

[1]) Decken, welche beidseitig auf Mauern aufruhen, sind in dem Runderlaß nicht erwähnt. Werden derartige Decken an den Auflagern, wie in Fig. 4 (S. 16) dargestellt, ausgeführt, so dürfte hierfür die Berechnung des Biegungsmomentes nach $M = \frac{q \cdot l^2}{10}$ ebenfalls zulässig sein.

[2]) Nach der Formel $M = \frac{q \cdot l^2}{8}$ zu berechnen.

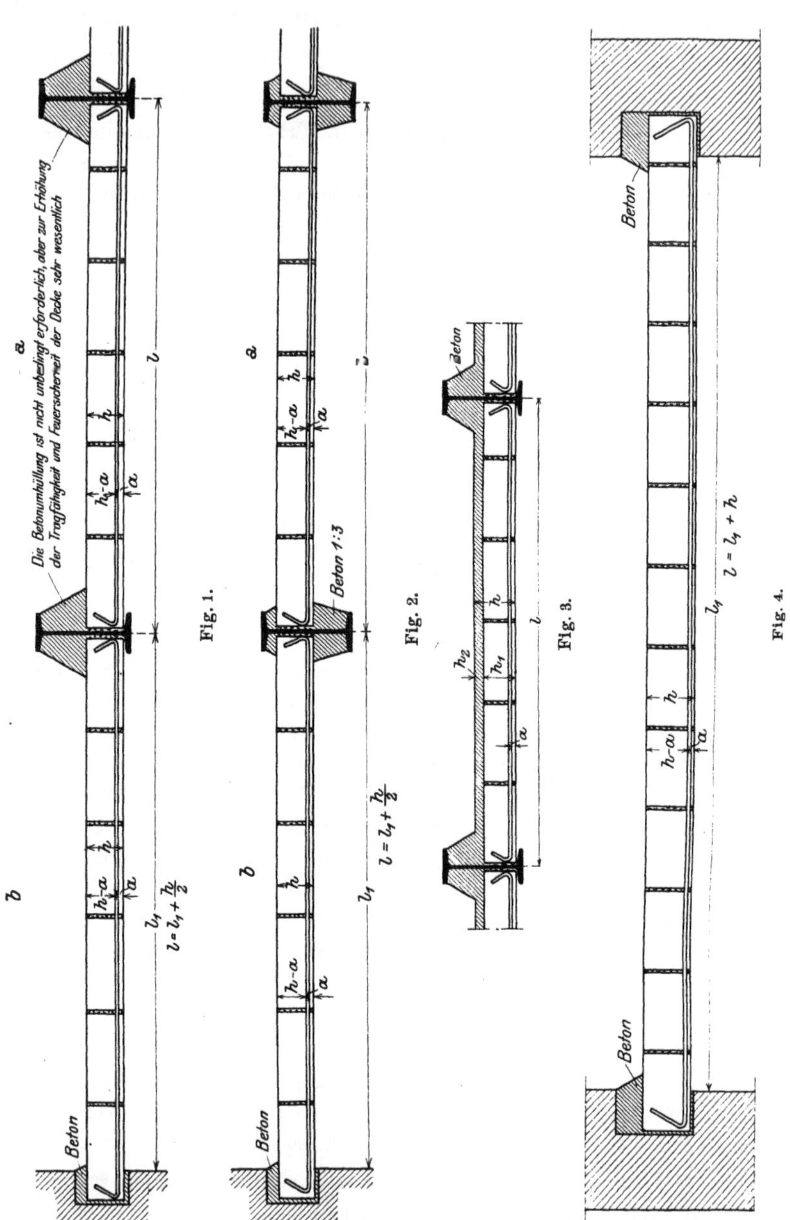

Fig. 1.

Fig. 2.

Fig. 3.

Fig. 4.

II. Rechnungsverfahren mit Zahlentafeln.

Die nachstehend angegebenen Gleichungen haben Gültigkeit für Eisenbeton- und Eisensteindecken, nur muß bei der Benutzung derselben beachtet werden, daß das Elastizitätsmaß des Betons zum fünfzehnten Teil und dasjenige des Ziegelkörpers zum fünfundzwanzigsten Teil von dem des Eisens anzunehmen ist. Für Eisenbetondecken ist also $n = 15$, für Eisensteindecken $n = 25$ in die Rechnung einzuführen. Vorausgesetzt ist, daß die Decken nur reine Biegung erfahren.

Die Bezeichnungen der Bestimmungen vom 24. Mai 1907 werden beibehalten. Es wird auf Fig. 5 verwiesen.

A. Ebene Platten mit rechteckigem Querschnitt.

Ohne Berücksichtigung der Zugspannungen des Betons bezw. der Steine.

a) Einfache Eiseneinlagen.

Die auftretenden Zugkräfte müssen von den Eiseneinlagen aufgenommen werden. (σ_b der größte Kantendruck wird bei Steindecken mit σ_s bezeichnet.)

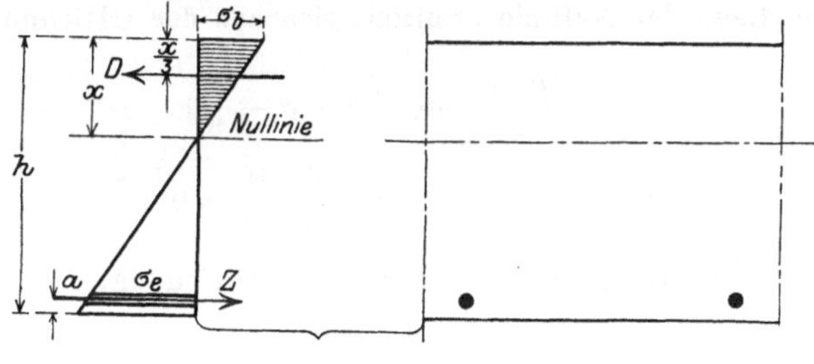

Fig. 5.

1. **Gegeben** M, a, h, f_e; **gesucht** x, σ_b **und** σ_e.

$$x = \frac{n \cdot f_e}{b} \cdot \left[\sqrt{1 + \frac{2 \cdot b \cdot (h - a)}{n \cdot f_e}} - 1\right], \qquad (1)$$

$$\sigma_b = \frac{2 \cdot M}{b \cdot x \cdot \left(h - a - \frac{x}{3}\right)}, \qquad (2)$$

$$\sigma_e = \frac{M}{f_e \cdot \left(h - a - \frac{x}{3}\right)}. \tag{3}$$

2. Gegeben M, a, σ_b und σ_e; gesucht x, h und f_e.

$$x = \frac{n \cdot \sigma_b \cdot (h - a)}{\sigma_e + n \cdot \sigma_b}; \tag{4}$$

wird $s = \frac{n \cdot \sigma_b}{\sigma_e + n \cdot \sigma_b}$ gesetzt, so ergibt sich $x = s \cdot (h - a)$ und

$$h - a = \sqrt{\frac{2}{\left(1 - \frac{s}{3}\right) \cdot s \cdot \sigma_b}} \cdot \sqrt{\frac{M}{b}} = r \cdot \sqrt{\frac{M}{b}}, \tag{5}$$

$$f_e = \frac{1}{r \cdot \left(1 - \frac{s}{3}\right) \cdot \sigma_e} \cdot \sqrt{M \cdot b} = t \cdot \sqrt{M \cdot b}. \tag{6}$$

Die nach diesen Gleichungen für verschiedene Spannungen σ_b bezw. σ_s und σ_e, sowie $n = 15$ und $n = 25$ berechneten Werte von x, $h - a$ und f_e sind in den nachfolgenden Zahlentafeln A und C auf S. 29 und 32 zusammengestellt.

3. Gegeben M, h, a und σ_b; gesucht x, σ_e und f_e.

Die Lage der Nullinie ermittelt sich aus der Gleichung:

$$M = \frac{b \cdot x}{2} \cdot \sigma_b \cdot \left(h - a - \frac{x}{3}\right)$$

oder

$$x^2 - 3 \cdot (h - a) \cdot x + \frac{6 \cdot M}{\sigma_b \cdot b} = 0. \tag{7}$$

Der Wert für f_e ergibt sich aus der Gleichung:

$$f_e = \frac{b \cdot x^2}{2 \cdot n \cdot (h - a - x)} \tag{8}$$

und

$$\sigma_e = \frac{n \cdot \sigma_b \cdot (h - a - x)}{x}. \tag{9}$$

Die Gleichungen (7), (8) und (9) kommen zur Anwendung, wenn die nutzbare Deckenstärke $h - a$ kleiner gewählt werden muß, als sie nach Gleichung (5) unter voller Ausnutzung der Materialien mit den zulässigen Spannungen σ_b und σ_e erforderlich wäre. Wie Beispiel 3 (S. 41) zeigt, bedingt schon eine geringe Verkleinerung der

Deckenstärke gegenüber der nach Gleichung (5) ermittelten Stärke eine wesentliche Vergrößerung der Eisenquerschnitte. Dieselben können bei wesentlich kleineren Deckenstärken so groß werden, daß sie praktisch nicht mehr ausführbar sind. Es empfiehlt sich in solchen Fällen, auch auf der Druckseite Eiseneinlagen anzuordnen.

4. Gegeben M, h, a und σ_e; gesucht x, σ_b und f_e.

Die Lage der Nullinie ermittelt sich aus der Gleichung:

$$M = \frac{\sigma_e \,.\, b \,.\, x^2 \,.\left(h - a - \frac{x}{3}\right)}{2 \,.\, n \,.\, (h - a - x)}; \tag{10}$$

$$\sigma_b \text{ nach Gleichung (2) und } f_e = \frac{M}{\sigma_e \,.\left(h - a - \frac{x}{3}\right)}, \tag{11}$$

oder

$$\sigma_b = \frac{\sigma_e \,.\, x}{n \,.\, (h - a - x)} \text{ und } f_e \text{ nach Gleichung (8).} \tag{12}$$

Anwendung finden diese Gleichungen, wenn die nutzbare Deckenstärke $h - a$ größer gewählt werden muß, als sie nach Gleichung (5) für die größten zulässigen Werte σ_b und σ_e erforderlich wäre. Durch die größere nutzbare Deckenstärke werden kleinere Eisenquerschnitte notwendig; die Verkleinerung der Eisenquerschnitte ist aber nicht wesentlich im Verhältnis zur Verstärkung der Platte (vergl. Beispiel 4 S. 42).

5. Bestimmung der zulässigen Belastung für eine gegebene Platte. Ist zu berechnen, wieviel eine Platte mit gegebenen Abmessungen $h - a$ und f_e bei gegebenem σ_b bezw. σ_e tragen kann, so ermittelt sich die Lage der Nullinie aus Gleichung (1),

und σ_e, wenn σ_b gegeben, nach Gleichung (9)
bezw. σ_b, „ σ_e „ „ „ (12);

ferner das Biegungsmoment, wenn σ_b gegeben:

$$M = \frac{b \,.\, x}{2} \cdot \sigma_b \cdot \left(h - a - \frac{x}{3}\right), \tag{13}$$

wenn σ_e gegeben:

$$M = f_e \,.\, \sigma_e \,.\left(h - a - \frac{x}{3}\right). \tag{14}$$

6. Biegungsfeste (steife) Eiseneinlagen. Werden anstatt der meist üblichen Stabeisen biegungsfeste Profileisen als Eiseneinlagen verwendet (Fig. 6, 7 u. 8, vergl. auch unter III.), so ermittelt sich die Lage der Nullinie nach Gleichung (1):

$$x = \frac{n \cdot f_e}{b} \cdot \left[\sqrt{1 + \frac{2 \cdot b \cdot (h-a)}{n \cdot f_e}} - 1\right].$$

Die Spannungen σ_b und σ_e berechnen sich nach Ermittelung von x aus den Gleichungen:

$$\sigma_b = \frac{M}{W_d} = \frac{M \cdot x}{J}, \tag{15}$$

$$\sigma_e = \frac{M}{W_z} = \frac{M \cdot n \cdot (h - a_1 - x)}{J}. \tag{16}$$

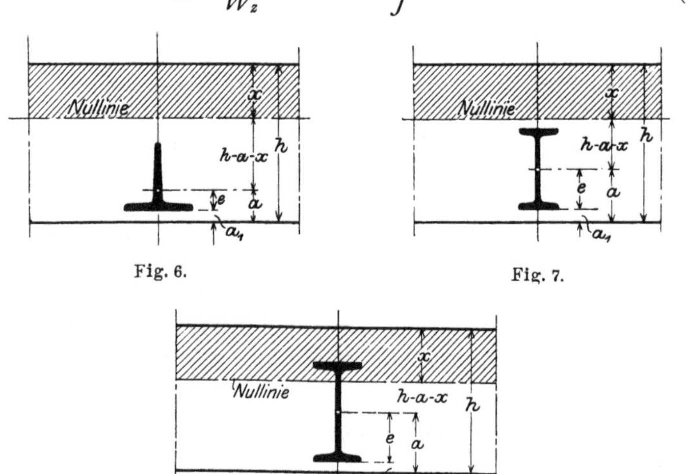

Fig. 6. Fig. 7.

Fig. 8.

Hierin bedeutet J das Trägheitsmoment des wirksamen Verbundquerschnittes (soweit er als statisch wirksam angesehen wird), in bezug auf die Nullinie; W_d das Widerstandsmoment bezogen auf die Druckkante, W_z dasjenige in bezug auf die Zugkante des Querschnittes.

Wird das Trägheitsmoment der Eiseneinlage in bezug auf seine eigene Schwerachse mit i bezeichnet, so wird das Trägheitsmoment des wirksamen Verbundquerschnittes in bezug auf die Nullinie:

$$J = \frac{b \cdot x^3}{3} + n \cdot [i + f_e \cdot (h - a - x)^2]. \tag{17}$$

Werden Eiseneinlagen von sehr geringer Höhe verwendet, so kann man das Trägheitsmoment i der Eiseneinlage vernachlässigen und wird dann:

$$J = \frac{b \cdot x^3}{3} + n \cdot f_e \cdot (h - a - x)^2. \tag{18}$$

b) Doppelte Eiseneinlagen.

Gegeben M, h, a, f_e **und** f_e'; **gesucht** x, σ_b, σ_e **und** σ_e'.

Die Anwendung von Eiseneinlagen auf der Zug- und auf der Druckseite einer Platte (Fig. 9) empfiehlt sich dann, wenn die nutzbare Deckenstärke wesentlich kleiner ist als nach Gleichung (5) erforderlich wäre.

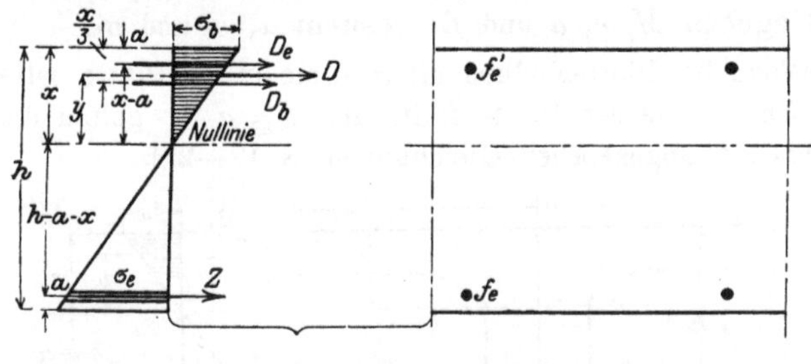

Fig. 9.

Die Lage der Nullinie ermittelt sich genügend genau, wenn die geringe Querschnittsverminderung des Druckgurtes durch die obere Eiseneinlage vernachlässigt wird nach Gleichung:

$$x = -\frac{n \cdot (f_e + f_e')}{b} + \\ + \sqrt{\left(\frac{n \cdot (f_e + f_e')}{b}\right)^2 + \frac{2 \cdot n}{b} \cdot [(f_e' \cdot a + f_e \cdot (h - a)]}; \tag{19}$$

die Spannungen

$$\sigma_b = \frac{M}{\frac{b \cdot x}{2} \cdot \left(h - a - \frac{x}{3}\right) + n \cdot f_e' \cdot \frac{x - a}{x} \cdot (h - 2 \cdot a)} \tag{20}$$

und

$$\sigma_e = n \cdot \sigma_b \cdot \frac{h - a - x}{x}; \tag{21}$$

$$\sigma_e' = n \cdot \sigma_b \cdot \frac{x - a}{x}. \tag{22}$$

Der Abstand der Mittelkraft D von der Nullinie

$$y = \frac{\frac{b \cdot x^3}{3} + n \cdot f_e' \cdot (x - a)^2}{\frac{b \cdot x^2}{2} + n \cdot f_e' \cdot (x - a)} \tag{22 a}$$

und

$$M = f_e \cdot \sigma_e \cdot (h - a - x + y) \tag{22 b}$$

B. Plattenbalken.

Ohne Berücksichtigung der Zugspannungen des Betons bezw. der Steine.

a) Einfache Eiseneinlagen.

Gegeben M, h, a und f_e; gesucht x, σ_e und σ_b.

Wenn bei Plattenbalken die Nullinie in die Platte selbst oder in die Unterkante der Platte fällt, also $x \leqq d$, so gelten die unter A a 1 bis a 6 angegebenen Gleichungen (S. 17—21).

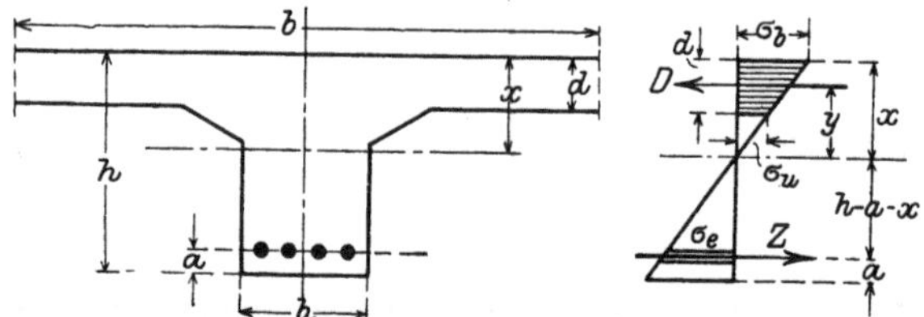

Fig. 10.

Geht die Nullinie durch den Steg des Plattenbalkens, $x > d$ (Fig. 10), so ermittelt sich die Lage der Nullinie unter Vernachlässigung der geringen im Steg auftretenden Druckspannungen nach der Gleichung:

$$x = \frac{\frac{b \cdot d^2}{2} + n \cdot f_e \cdot (h - a)}{b \cdot d + n \cdot f_e} \cdot \tag{23}$$

Da der Abstand des Schwerpunktes des Drucktrapezes von der Oberkante des Querschnittes

$$y = x - \frac{d}{2} + \frac{d^2}{6 \cdot (2 \cdot x - d)} \tag{24}$$

ist, so wird

$$\sigma_e = \frac{M}{f_e \cdot (h - a - x + y)}, \tag{25}$$

und
$$\sigma_b = \frac{x}{n \,.\, (h - a - x)} \cdot \sigma_e. \tag{26}$$

Bei Verwendung von biegungsfesten Eiseneinlagen ermittelt sich die Lage der Nullinie (wenn $x > d$) nach Gleichung (23) und das Trägheitsmoment des wirksamen Verbundquerschnittes unter Vernachlässigung der Abschrägungen zwischen Steg und Platte (Fig. 11).

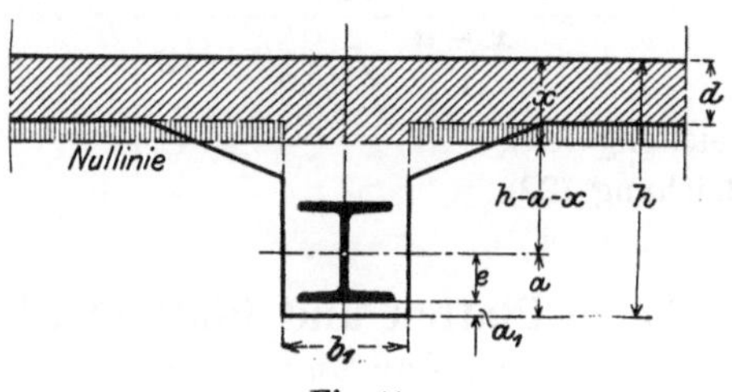

Fig. 11.

$$J = \frac{b \,.\, x^3}{3} - (b - b_1) \cdot \frac{(x - d)^3}{3} + n \,.\, [i + f_e \,.\, (h - a - x)^2]; \tag{27}$$

die Spannungen nach den Gleichungen (15) und (16).

b) Doppelte Eiseneinlagen.

Gegeben M, h, a, f_e und f_e'; **gesucht** x, σ_b, σ_e und σ_e'.

Liegt die Nullinie in der Platte selbst oder in der Plattenunterkante ($x \leqq d$), so gelten die unter II A b. angegebenen Gleichungen (19) bis (22 b).

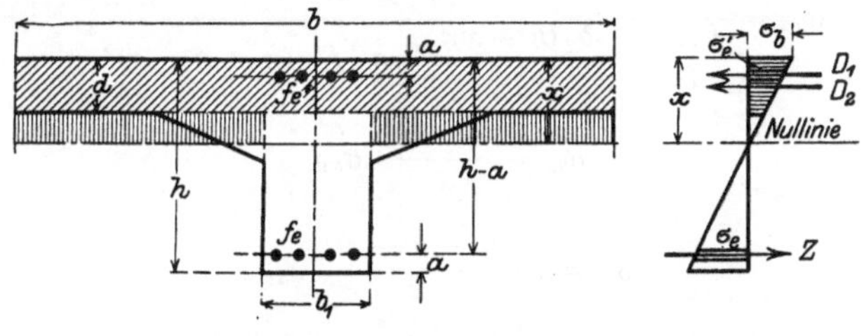

Fig. 12.

Geht die Nullinie durch den Steg des Plattenbalkens ($x > d$) (Fig. 12), so ermittelt sich die Lage der Nullinie unter denselben Voraussetzungen wie bei II B a nach der Gleichung:

$$x = \frac{2 \,.\, n \,.\, [f_e \,.\, (h - a) + f_e' \,.\, a] + d^2 \,.\, b}{2 \,.\, [n \,.\, (f_e + f_e') + b \,.\, d]}, \tag{28}$$

und die Spannungen

$$\sigma_b = \frac{M}{\frac{b \,.\, x}{2} \cdot \left(h - a - \frac{x}{3}\right) - \frac{(x-d)^2}{2 \,.\, x} \cdot b \cdot \left(h - a - \frac{x - 2 \,.\, d}{3}\right) + n \cdot \frac{x-a}{x} \cdot f_e' \cdot (h - 2 \cdot a)}. \tag{29}$$

σ_e nach Gleichung (21).
σ_e' nach Gleichung (22).

C. Ebene Platten und Plattenbalken.

Mit Berücksichtigung der Zugspannungen des Betons bezw. der Steine.

(Vergl. §§ 15³ und 16² der Bestimmungen vom 24. Mai 1907.)

1. Ebene Platten mit rechteckigem Querschnitt.

Gegeben M, a, h, f_e; **gesucht** x, σ_{bd}, σ_{bz} und σ_e.

a) Einfache Eiseneinlagen (Fig. 13).

$$x = \frac{\frac{b \,.\, h^2}{2} + n \,.\, f_e \,.\, (h - a)}{b \,.\, h + n \,.\, f_e}, \tag{30}$$

$$\sigma_{bd} = \frac{M \,.\, x}{\frac{b \,.\, x^3}{3} + \frac{b \,.\, (h-x)^3}{3} + n \,.\, f_e \,.\, (h - a - x)^2}, \tag{31}$$

$$\sigma_{bz} = \frac{h - x}{x} \cdot \sigma_{bd}. \tag{32}$$

$$\sigma_e = n \cdot \frac{h - a - x}{x} \cdot \sigma_{bd}. \tag{33}$$

b) Doppelte Eiseneinlagen (Fig. 14).

Gegeben M, h, a, f_e und f_e'; **gesucht** x, σ_{bd}, σ_{bz}, σ_e und σ_e'.

(Die Querschnittsverminderung des Druckgurtes durch die oberen Eiseneinlagen ist nicht vernachlässigt wie unter II A b.)

$$x = \frac{\frac{b \cdot h^2}{2} + (n-1) \cdot [f_e' \cdot a + f_e \cdot (h-a)]}{b \cdot h + (n-1) \cdot (f_e' + f_e)}, \tag{34}$$

$$\sigma_{bd} = \frac{M \cdot x}{\frac{b \cdot x^3}{3} + \frac{b \cdot (h-x)^3}{3} + (n-1) \cdot [f_e' \cdot (x-a)^2 + f_e \cdot (h-a-x)^2]}, \tag{35}$$

σ_{bz} nach Gleichung (32),
σ_e nach Gleichung (33) und

$$\sigma_e' = n \cdot \frac{x-a}{x} \cdot \sigma_{bd}. \tag{35 a}$$

Sind die oberen und unteren Eiseneinlagen von gleichem Querschnitt $f_e = f_e'$, so wird $x = \frac{h}{2}$ und

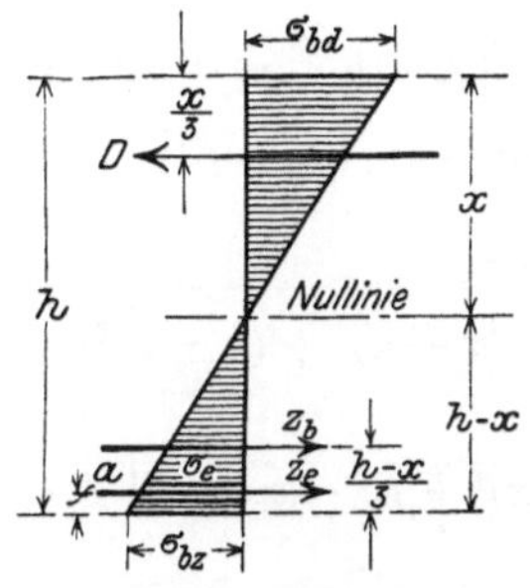

Fig. 13.

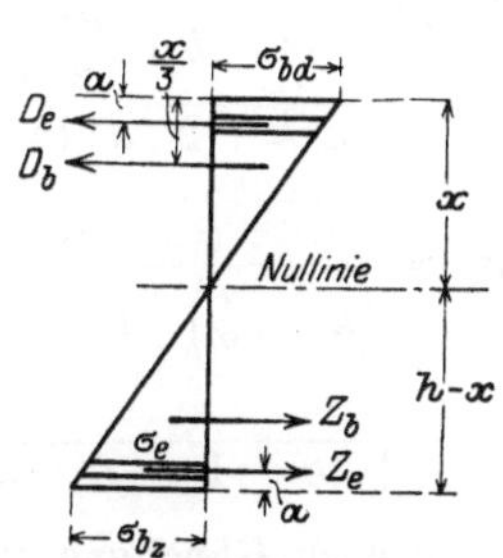

Fig. 14.

$$\sigma_{bd} = \frac{M}{\frac{b \cdot h^2}{6} + \frac{4 \cdot (n-1) \cdot f_e}{h} \cdot \left(\frac{h}{2} - a\right)^2}, \tag{36}$$

die übrigen Werte nach den Gleichungen (32), (33) und (35 a).

2. Plattenbalken.

a) Einfache Eiseneinlagen.

Gegeben M, h, a, f_e; **gesucht** x, σ_{bd}, σ_{bz} und σ_e.

Für $x \leqq d$ gelten die Gleichungen (30) bis (33).

Für $x > d$ ist

$$x = \frac{b_1 \cdot \frac{h^2}{2} + (b - b_1) \cdot \frac{d^2}{2} + n \cdot f_e \cdot (h-a)}{b_1 \cdot h + (b - b_1) \cdot d + n \cdot f_e}, \tag{37}$$

$$\sigma_{bd} = \frac{M \, . \, x}{\frac{b}{2} \cdot d \cdot (2 \cdot x - d) \cdot y + \frac{b_1}{3} \cdot [(x-d)^3 + (h-x)^3] + n \, . \, f_e \, . \, (h - a - x)^2}, \tag{38}$$

y nach Gleichung (24),
σ_{bz} nach Gleichung 32 und
σ_e nach Gleichung (33).

b) Doppelte Eiseneinlagen.

Gegeben M, h, a, f_e und f_e'; **gesucht** x, σ_{bd}, σ_{bz}, σ_e und σ_e'.
Für $x \leqq d$ gelten die unter C 1 b angegebenen Gleichungen.
Für $x > d$ ist

$$x = \frac{\frac{b_1 \, . \, h^2}{2} + (b - b_1) \cdot \frac{d^2}{2} + (n-1) \cdot [f_e \cdot (h-a) + f_e' \cdot a]}{b_1 \, . \, h + 2 \, . \, d \, . \, (b - b_1) + (n-1) \, . \, (f_e + f_e')}; \tag{39}$$

$$\sigma_{bd} = \frac{M \, . \, x}{\left(x - \frac{d}{2}\right) \cdot d \cdot b \cdot y + \frac{b_1}{3} \cdot [(x-d)^3 + (h-x)^3] + (n-1) \cdot [f_e \cdot (h-a-x)^2 + f_e' \cdot (x-a)^2]}; \tag{40}$$

y nach Gleichung (24);
σ_{bz} „ „ (32);
σ_e „ „ (33) und $\sigma_e' = n \cdot \frac{x-a}{x} \cdot \sigma_{bd}$. (41)

D. Pfeiler und Säulen.

1. Zentrischer Druck.

Ist F der Querschnitt der gedrückten Betonfläche und f_e der der gesamten gedrückten Eiseneinlage, so wird die zulässige Belastung

$$P = (F + n \, . \, f_e) \, . \, \sigma_b, \tag{42}$$

also

$$\sigma_b = \frac{P}{F + n \, . \, f_e} \tag{43}$$

und

$$\sigma_e = n \, . \, \sigma_b = \frac{n \, . \, P}{F + n \, . \, f_e}. \tag{44}$$

Auf Knicken ist in der Eulerschen Formel:

$$P = \frac{\pi^2 . E . J}{s . l^2},$$

für den Beton

$$E = \frac{2100000}{15} = 140000$$

und s = Sicherheitsgrad = 10 einzusetzen.

2. Exzentrischer Druck.

Die Berechnung erfolgt wie bei homogenem Baustoff, wenn in den Ausdrücken für die Querschnittsfläche und das Trägheitsmoment der Querschnitt der Eiseneinlagen mit seinem n fachen Wert zum Betonquerschnitt hinzugerechnet wird.

Auftretende Zugspannungen müssen durch die Eiseneinlagen aufgenommen werden.

Säulen aus umschnürtem Beton siehe Runderlaß vom 18. 9. 1909 (S. 11).

E. Schub- und Haftspannungen.

Die Schubspannungen spielen bei Eisenbeton- und Eisensteindecken wegen der geringen Schubfestigkeit der in Frage kommenden Materialien eine wichtige Rolle, und sollte der Nachweis der auftretenden Schubspannungen in allen Fällen gefordert werden.

Bei Plattenbalken ist die Berechnung der auftretenden Schubspannungen unbedingt erforderlich.

Wird angenommen, daß im Beton bezw. in den Steinen Zugspannungen nicht wirksam sind, die horizontalen Zugkräfte also von den unteren Eiseneinlagen aufgenommen werden, so tritt bei der Schubspannung zwischen der Nullinie und der Eiseneinlage keine Änderung ein; vergl. Verteilung der Schubspannungen (Fig. 15).

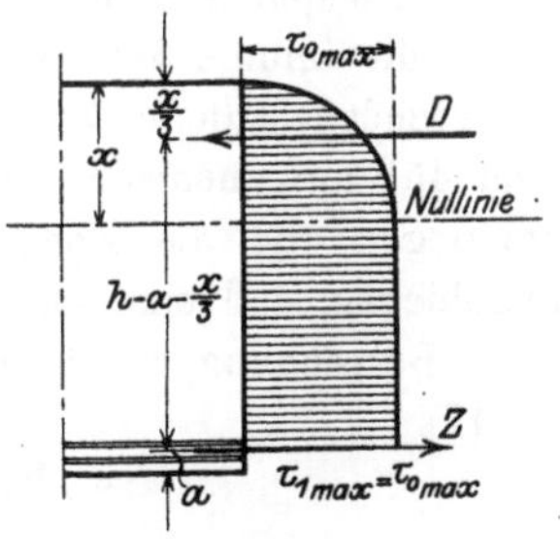

Fig. 15.

Die Schubspannung ist also am oberen Rande gleich Null und erreicht in der Nullinie den bis zur Eiseneinlage konstant bleibenden größten Wert

$$\tau_0 = \frac{V}{b \cdot \left(h - a - \frac{x}{3}\right)}. \tag{45}$$

Erst mit Hilfe der Haftspannungen werden die Schubspannungen in die Eiseneinlagen übergeleitet.

Bei Hohlsteindecken müssen die Hohlräume der Steine bei der Berechnung der Schubspannung berücksichtigt werden.

Die Summe der am Umfang der Eiseneinlagen wirkenden Haftspannungen beträgt

$$b \cdot \tau_0$$

und ermittelt sich die Haftspannung

$$\tau_1 = \frac{b \cdot \tau_0}{U = \text{Umfang der Eiseneinlagen}}. \tag{46}$$

Bei Plattenbalken mit Stabeiseneinlagen ist

$$\tau_0 = \frac{V}{b_1 \cdot (h - a - x + y)}, \tag{47}$$

$$\tau_1 = \frac{b_1 \cdot \tau_0}{U}. \tag{48}$$

Zur Erhöhung der Haftsicherheit sind die Eiseneinlagen an den Enden umzubiegen.

Überschreitet die auftretende Schubspannung den zulässigen Wert, so sind zur Aufnahme des über τ zulässig hinausgehenden Betrages der Schubspannungen besondere Eiseneinlagen anzuordnen.

Über die Art der Ausbildung der Schubarmierungen gehen die Ansichten noch auseinander.

Es empfiehlt sich, bis zur genügenden Klärung dieser wichtigen Frage die infolge der Wirkung der Schubspannungen am Auflager auftretenden schiefen Zugspannungen durch Stabaufbiegungen unter rund 45^0 aufzunehmen, außerdem noch Bügel auf die ganze Länge einzulegen und die Enden der geraden Stäbe und der Bügel so umzubiegen, daß eine gute Verankerung im Beton gesichert ist.

Berechnung der Bügel und Stabaufbiegungen siehe Beispiel 8 (S. 47).

F. Zahlentafeln.

1. Für Eisenbetondecken.

In der nachstehenden Zahlentafel A sind die für verschiedene σ_b und σ_e nach A a 2 [Gleichungen (4), (5) und (6)] berechneten Werte x, $h - a$ und f_e zusammengestellt.

Zahlentafel A. $n = 15$.

σ_b kg/qcm	σ_e kg/qcm	$x = s.(h-a)$	x[1]$= s_1 . \sqrt{\frac{M}{b}}$	$h-a = r . \sqrt{\frac{M}{b}}$	$f_e = t . \sqrt{M . b}$
45	1000	$0{,}403 . (h-a)$	$0{,}144 . \sqrt{\frac{M}{b}}$	$0{,}357 . \sqrt{\frac{M}{b}}$	$0{,}00324 . \sqrt{M . b}$
44	1000	$0{,}398 . (h-a)$	$0{,}144 . \sqrt{\frac{M}{b}}$	$0{,}363 . \sqrt{\frac{M}{b}}$	$0{,}00317 . \sqrt{M . b}$
42	1000	$0{,}387 . (h-a)$	$0{,}145 . \sqrt{\frac{M}{b}}$	$0{,}376 . \sqrt{\frac{M}{b}}$	$0{,}00306 . \sqrt{M . b}$
40	1000	$0{,}375 . (h-a)$	$0{,}146 . \sqrt{\frac{M}{b}}$	$0{,}390 . \sqrt{\frac{M}{b}}$	$0{,}00293 . \sqrt{M . b}$
38	1000	$0{,}363 . (h-a)$	$0{,}147 . \sqrt{\frac{M}{b}}$	$0{,}406 . \sqrt{\frac{M}{b}}$	$0{,}00280 . \sqrt{M . b}$
36	1000	$0{,}351 . (h-a)$	$0{,}148 . \sqrt{\frac{M}{b}}$	$0{,}423 . \sqrt{\frac{M}{b}}$	$0{,}00267 . \sqrt{M . b}$
34	1000	$0{,}338 . (h-a)$	$0{,}150 . \sqrt{\frac{M}{b}}$	$0{,}443 . \sqrt{\frac{M}{b}}$	$0{,}00254 . \sqrt{M . b}$
32	1000	$0{,}325 . (h-a)$	$0{,}151 . \sqrt{\frac{M}{b}}$	$0{,}464 . \sqrt{\frac{M}{b}}$	$0{,}00242 . \sqrt{M . b}$
30	1000	$0{,}310 . (h-a)$	$0{,}152 . \sqrt{\frac{M}{b}}$	$0{,}490 . \sqrt{\frac{M}{b}}$	$0{,}00228 . \sqrt{M . b}$
28	1000	$0{,}296 . (h-a)$	$0{,}153 . \sqrt{\frac{M}{b}}$	$0{,}518 . \sqrt{\frac{M}{b}}$	$0{,}00214 . \sqrt{M . b}$
26	1000	$0{,}280 . (h-a)$	$0{,}154 . \sqrt{\frac{M}{b}}$	$0{,}550 . \sqrt{\frac{M}{b}}$	$0{,}00200 . \sqrt{M . b}$
24	1000	$0{,}265 . (h-a)$	$0{,}156 . \sqrt{\frac{M}{b}}$	$0{,}588 . \sqrt{\frac{M}{b}}$	$0{,}00187 . \sqrt{M . b}$
22	1000	$0{,}248 . (h-a)$	$0{,}157 . \sqrt{\frac{M}{b}}$	$0{,}632 . \sqrt{\frac{M}{b}}$	$0{,}00173 . \sqrt{M . b}$
20	1000	$0{,}230 . (h-a)$	$0{,}158 . \sqrt{\frac{M}{b}}$	$0{,}686 . \sqrt{\frac{M}{b}}$	$0{,}00159 . \sqrt{M . b}$
40	900	$0{,}400 . (h-a)$	$0{,}152 . \sqrt{\frac{M}{b}}$	$0{,}380 . \sqrt{\frac{M}{b}}$	$0{,}00337 . \sqrt{M . b}$
35	900	$0{,}368 . (h-a)$	$0{,}155 . \sqrt{\frac{M}{b}}$	$0{,}420 . \sqrt{\frac{M}{b}}$	$0{,}00302 . \sqrt{M . b}$
30	900	$0{,}333 . (h-a)$	$0{,}158 . \sqrt{\frac{M}{b}}$	$0{,}475 . \sqrt{\frac{M}{b}}$	$0{,}00263 . \sqrt{M . b}$
25	900	$0{,}294 . (h-a)$	$0{,}161 . \sqrt{\frac{M}{b}}$	$0{,}549 . \sqrt{\frac{M}{b}}$	$0{,}00224 . \sqrt{M . b}$
20	900	$0{,}250 . (h-a)$	$0{,}165 . \sqrt{\frac{M}{b}}$	$0{,}660 . \sqrt{\frac{M}{b}}$	$0{,}00184 . \sqrt{M . b}$

Bei Plattenbalken sind die Werte dieser Zahlentafel A anwendbar, wenn die Nullinie in die Platte fällt oder dies als Bedingung angenommen wird, also $x \leqq d$.

[1] $s_1 = s . r$.

Die Zahlentafel B zeigt die für eine größere Anzahl Biegungsmomente und den größten zulässigen Spannungen $\sigma_b = 40$ kg/qcm und $\sigma_e = 1000$ kg/qcm nach Zahlentafel A berechneten Werte x, $h - a$ und f_e.

Zahlentafel B.

$n = 15$.

M cmkg	$x = 0{,}146 \cdot \sqrt{\frac{M}{b}}$ cm	$h - a = 0{,}39 \cdot \sqrt{\frac{M}{b}}$ cm	$f_e = 0{,}00293 . \sqrt{M . b}$ qcm
10 000	1,46	3,90	2,93
11 000	1,53	4,09	3,07
12 000	1,60	4,27	3,21
13 000	1,66	4,45	3,34
14 000	1,73	4,61	3,46
15 000	1,79	4,78	3,59
16 000	1,85	4,93	3,71
17 000	1,90	5,09	3,82
18 000	1,96	5,23	3,93
19 000	2,01	5,37	4,04
20 000	2,06	5,51	4,14
22 000	2,17	5,78	4,35
24 000	2,26	6,04	4.54
26 000	2,35	6,29	4,72
28 000	2,44	6,52	4,90
30 000	2,53	6,75	5,07
32 000	2,61	6,98	5,24
34 000	2,69	7,19	5,40
36 000	2,77	7,40	5,56
38 000	2,85	7,60	5.71
40 000	2,92	7,80	5,86
42 000	2,99	7,99	6,00
44 000	3,06	8,18	6,16
46 000	3,13	8,37	6,28
48 000	3,20	8.54	6,42
50 000	3,26	8,72	6,55
55 000	3,42	9,15	6,87
60 000	3,58	9,56	7,18
65 000	3,72	9,95	7,47
70 000	3,86	10,32	7,75
75 000	4,00	10,69	8,03
80 000	4,12	11,03	8,29
85 000	4,26	11,37	8,54
90 000	4,38	11,70	8,79
95 000	4,50	12,02	9,03

Noch: Zahlentafel B.

$n = 15.$

M	$x = 0{,}146 \cdot \sqrt{\frac{M}{b}}$	$h - a = 0{,}39 \cdot \sqrt{\frac{M}{b}}$	$f_e = 0{,}00293 . \sqrt{M . b}$
cmkg	cm	cm	qcm
100 000	4,62	12,33	9,26
105 000	4,73	12,64	9,49
110 000	4,84	12,94	9,72
115 000	4,95	13,22	9,93
120 000	5,06	13,51	10,15
125 000	5,17	13,81	10,37
130 000	5,26	14,06	10,57
135 000	5,37	14,35	10,78
140 000	5,46	14,59	10,96
145 000	5,56	14,86	11,16
150 000	5,65	15,10	11,38
155 000	5,75	15,37	11,54
160 000	5,84	15,60	11,72
165 000	5,93	15,83	11,90
170 000	6,02	16,08	12,08
175 000	6,10	16,30	12,24
180 000	6,19	16,54	12,42
185 000	6,28	16,77	12,60
190 000	6,37	17,00	12,77
195 000	6,45	17,24	12,95
200 000	6,53	17,43	13,09
205 000	6,61	17,66	13,27
210 000	6.69	17,87	13,43
215 000	6,77	18,08	13.58
220 000	6,85	18,29	13,74
225 000	6,93	18,50	13,90
230 000	7,00	18,70	14,05
235 000	7,08	18,91	14,20
240 000	7,15	19,10	14,35
245 000	7,23	19,30	14,50
250 000	8,30	19,50	14,65

2. Für Eisensteindecken.

Die folgende Zahlentafel C enthält die, entsprechend der Zahlentafel A, für verschiedene σ_s und σ_e nach A a 2 [Gleichungen (4), (5) und (6)] berechneten Werte x, $h-a$ und f_e.

Zahlentafel C. $n = 25$.

σ_s kg/qcm	σ_e kg/qcm	$x = s \,.\, (h-a)$	x[1]$ = s_1 \,.\, \sqrt{\frac{M}{b}}$	$h-a = r \,.\, \sqrt{\frac{M}{b}}$	$f_e = t \,.\, \sqrt{M \,.\, b}$
35	1000	$0{,}467 \,.\, (h-a)$	$0{,}178 \,.\, \sqrt{\frac{M}{b}}$	$0{,}381 \,.\, \sqrt{\frac{M}{b}}$	$0{,}00311 \,.\, \sqrt{M \,.\, b}$
33	1000	$0{,}452 \,.\, (h-a)$	$0{,}179 \,.\, \sqrt{\frac{M}{h}}$	$0{,}397 \,.\, \sqrt{\frac{M}{b}}$	$0{,}00297 \,.\, \sqrt{M \,.\, b}$
31	1000	$0{,}437 \,.\, (h-a)$	$0{,}182 \,.\, \sqrt{\frac{M}{b}}$	$0{,}416 \,.\, \sqrt{\frac{M}{b}}$	$0{,}00281 \,.\, \sqrt{M \,.\, b}$
30	1000	$0{,}429 \,.\, (h-a)$	$0{,}183 \,.\, \sqrt{\frac{M}{b}}$	$0{,}426 \,.\, \sqrt{\frac{M}{b}}$	$0{,}00274 \,.\, \sqrt{M \,.\, b}$
28	1000	$0{,}412 \,.\, (h-a)$	$0{,}185 \,.\, \sqrt{\frac{M}{b}}$	$0{,}448 \,.\, \sqrt{\frac{M}{b}}$	$0{,}00259 \,.\, \sqrt{M \,.\, b}$
26	1000	$0{,}394 \,.\, (h-a)$	$0{,}187 \,.\, \sqrt{\frac{M}{b}}$	$0{,}474 \,.\, \sqrt{\frac{M}{b}}$	$0{,}00243 \,.\, \sqrt{M \,.\, b}$
24	1000	$0{,}375 \,.\, (h-a)$	$0{,}189 \,.\, \sqrt{\frac{M}{b}}$	$0{,}504 \,.\, \sqrt{\frac{M}{b}}$	$0{,}00227 \,.\, \sqrt{M \,.\, b}$
22	1000	$0{,}355 \,.\, (h-a)$	$0{,}191 \,.\, \sqrt{\frac{M}{b}}$	$0{,}538 \,.\, \sqrt{\frac{M}{b}}$	$0{,}00211 \,.\, \sqrt{M \,.\, b}$
20	1000	$0{,}333 \,.\, (h-a)$	$0{,}193 \,.\, \sqrt{\frac{M}{b}}$	$0{,}581 \,.\, \sqrt{\frac{M}{b}}$	$0{,}00194 \,.\, \sqrt{M \,.\, b}$
18	1000	$0{,}310 \,.\, (h-a)$	$0{,}196 \,.\, \sqrt{\frac{M}{b}}$	$0{,}632 \,.\, \sqrt{\frac{M}{b}}$	$0{,}00176 \,.\, \sqrt{M \,.\, b}$
16	1000	$0{,}286 \,.\, (h-a)$	$0{,}199 \,.\, \sqrt{\frac{M}{b}}$	$0{,}695 \,.\, \sqrt{\frac{M}{b}}$	$0{,}00159 \,.\, \sqrt{M \,.\, b}$
14	1000	$0{,}259 \,.\, (h-a)$	$0{,}201 \,.\, \sqrt{\frac{M}{b}}$	$0{,}776 \,.\, \sqrt{\frac{M}{b}}$	$0{,}00141 \,.\, \sqrt{M \,.\, b}$
12	1000	$0{,}231 \,.\, (h-a)$	$0{,}204 \,.\, \sqrt{\frac{M}{b}}$	$0{,}884 \,.\, \sqrt{\frac{M}{b}}$	$0{,}00123 \,.\, \sqrt{M \,.\, b}$
35	900	$0{,}493 \,.\, (h-a)$	$0{,}183 \,.\, \sqrt{\frac{M}{b}}$	$0{,}372 \,.\, \sqrt{\frac{M}{b}}$	$0{,}00357 \,.\, \sqrt{M \,.\, b}$
30	900	$0{,}455 \,.\, (h-a)$	$0{,}189 \,.\, \sqrt{\frac{M}{b}}$	$0{,}415 \,.\, \sqrt{\frac{M}{b}}$	$0{,}00316 \,.\, \sqrt{M \,.\, b}$
25	900	$0{,}410 \,.\, (h-a)$	$0{,}195 \,.\, \sqrt{\frac{M}{b}}$	$0{,}475 \,.\, \sqrt{\frac{M}{b}}$	$0{,}00271 \,.\, \sqrt{M \,.\, b}$
20	900	$0{,}357 \,.\, (h-a)$	$0{,}201 \,.\, \sqrt{\frac{M}{b}}$	$0{,}563 \,.\, \sqrt{\frac{M}{b}}$	$0{,}00223 \,.\, \sqrt{M \,.\, b}$
15	900	$0{,}294 \,.\, (h-a)$	$0{,}208 \,.\, \sqrt{\frac{M}{b}}$	$0{,}709 \,.\, \sqrt{\frac{M}{b}}$	$0{,}00173 \,.\, \sqrt{M \,.\, b}$

[1]) $s_1 = s \,.\, r$.

Ein Vergleich der Zahlenwerte s_1 für x in den vorstehenden Zahlentafeln A und C zeigt, daß die Änderung der Zahlenwerte bei derselben Eisenspannung σ_e und verschiedenen Spannungen σ_b bezw. σ_s gering ist, so daß es zulässig erscheint, für dieselben Eisenspannungen und für verschiedene Spannungen σ_b bezw. σ_s zur Vereinfachung der Rechnung mit noch ausreichender Genauigkeit folgende angenäherte Werte einzusetzen:

Eisenbetondecken bei $\sigma_e = 1000$ kg/qcm,

$$x = 0{,}150 \cdot \sqrt{\frac{M}{b}};$$

Eisensteindecken bei $\sigma_e = 1000$ kg/qcm,

$\sigma_s \leqq 10$—24 kg/qcm, $\quad x = 0{,}197 \cdot \sqrt{\frac{M}{b}}$,

$\sigma_s > 24$—35 kg/qcm, $\quad x = 0{,}184 \cdot \sqrt{\frac{M}{b}}$.

Der Wert für σ_s kann in jedem Einzelfall genügend genau, da M und $h - a$ bekannt, aus der folgenden Zahlentafel D gefunden werden.

In der nachstehenden Zahlentafel D sind die für eine größere Anzahl Biegungsmomente und den meist üblichen Deckenstärken 10 cm, 12 cm und 15 cm berechneten Werte von x, f_e und σ_s zusammengestellt und gelten

die oberen Werte der Spalten für $a = 1{,}5$ cm und
die unteren Werte der Spalten für $a = 2{,}0$ cm.

(Siehe die Zahlentafel D, S. 34—36.)

Der Abstand a ist so zu wählen, daß unter der Eiseneinlage rd. 1 cm Mörtel vorhanden ist.

Zahlentafel D.

Die oberen Werte sind für $a = 1{,}5$ cm.
Die unteren Werte sind für $a = 2{,}0$ cm.

$n = 25.$

M cmkg	x cm	f_e qcm	σ_e kg/qcm	σ_s kg/qcm	M cmkg	x cm	f_e qcm	σ_e kg/qcm	σ_s kg/qcm
				$h = 10$ cm.					
6 000	1,6	0,75	1000	9,3	22 000	2,87	2,92	1000	20,3
	1,6	0,80	1000	10,0		2,84	3,12	1000	22,0
7 000	1,7	0,88	1000	10,2	24 000	2,97	3,21	1000	21,5
	1,7	0,90	1000	11,0		2,96	3,44	1000	23,1
8 000	1,8	1,01	1000	11,1	26 000	3,07	3,49	1000	22,7
	1,8	1,08	1000	11,8		3,06	3,75	1000	24,6
9 000	1,97	1,14	1000	11,7	28 000	3,18	3,78	1000	23,6
	1,96	1,22	1000	12,5		3,13	4,06	1000	25,8
10 000	2,0	1,28	1000	12,5	30 000	3,25	4,04	1000	24,9
	2,0	1,36	1000	13,5		3,22	4,32	1000	26,9
11 000	2,13	1,41	1000	13,4	32 000	3,34	4,33	1000	25,9
	2,12	1,55	1000	14,0		3,31	4,64	1000	28,0
12 000	2,2	1,54	1000	13,9	34 000	3,42	4,61	1000	27,0
	2,18	1,65	1000	15,1		3,39	4,95	1000	29,3
13 000	2,28	1,68	1000	14,7	36 000	3,52	4,91	1000	27,9
	2,26	1,79	1000	15,7		3,45	5,26	1000	30,5
14 000	2,35	1,82	1000	15,4	38 000	3,58	5,21	1000	29,0
	2,34	1,94	1000	16,4		3,52	5,59	1000	31,6
15 000	2,43	1,95	1000	15,9	40 000	3,64	5,50	1000	30,1
	2,41	2,08	1000	17,3		3,61	5,91	1000	32,6
16 000	2,49	2,09	1000	16,8	42 000	3,73	5,80	1000	31,0
	2,48	2,23	1000	17,9		3,68	6,23	1000	33,7
17 000	2,58	2,23	1000	17,3	44 000	3,78	6,10	1000	32,3
	2,54	2,38	1000	18,9		3,76	6,56	1000	34,7
18 000	2,63	2,36	1000	18,0	46 000	3,86	6,41	1000	33,1
	2,60	2,53	1000	19,4		3,80	6,89	1000	36,0
19 000	2,71	2,51	1000	18,4	48 000	3,93	6,71	1000	34,0
	2,66	2,68	1000	20,1		—	—	—	—
20 000	2,75	2,64	1000	19,6	49 000	3,97	6,86	1000	34,4
	2,73	2,83	1000	20,6		—	—	—	—

Noch: Zahlentafel D.

M cmkg	x cm	f_e qcm	σ_e kg/qcm	σ_s kg/qcm	M cmkg	x cm	f_e qcm	σ_e kg/qcm	σ_s kg/qcm
				$h = 12$ cm.					
20 000	2,83	2,09	1000	14,8	40 000	3,83	4,35	1000	22,6
	2,81	2,21	1000	15,7		3,78	4,60	1000	24,2
21 000	2,89	2,20	1000	15,2	42 000	3,90	4,59	1000	23,4
	2,87	2,32	1000	16,1		3,85	4,85	1000	25,0
22 000	2,95	2,31	1000	15,7	44 000	3,97	4,82	1000	24,1
	2,93	2,43	1000	16,5		3,93	5,10	1000	25,8
23 000	3,00	2,42	1000	16,1	46 000	4,03	5,01	1000	24,9
	2,99	2,56	1000	17,0		3,99	5,30	1000	26,6
24 000	3,06	2,53	1000	16,5	48 000	4,10	5,24	1000	25,7
	3,04	2,67	1000	17,4		4,06	5,54	1000	27,3
25 000	3,14	2,64	1000	17,0	50 000	4,16	5,47	1000	26,4
	3,12	2,79	1000	17,9		4,12	5,79	1000	28,1
26 000	3,17	2,75	1000	17,3	53 000	4,27	5,83	1000	27,3
	3,15	2,91	1000	18,6		4,18	6,00	1000	29,4
27 000	3,24	2,86	1000	17,7	56 000	4,36	6,19	1000	28,4
	3,22	3,03	1000	18,8		4,32	6,55	1000	30,3
28 000	3,27	2,97	1000	18,1	59 000	4,46	6,55	1000	29,5
	3,24	3,14	1000	19,4		4,40	6,93	1000	31,4
29 000	3,33	3,08	1000	18,4	62 000	4,57	6,91	1000	30,2
	3,31	3,26	1000	20,0		4,49	7,32	1000	32,5
30 000	3,38	3,21	1000	18,9	65 000	4,62	7,27	1000	31,4
	3,35	3,38	1000	20,2		4,58	7,70	1000	33,5
32 000	3,47	3,43	1000	19,8	68 000	4,71	7,64	1000	32,3
	3,45	3,62	1000	20,9		4,65	8,09	1000	34,6
34 000	3,56	3,66	1000	20,5	71 000	4,78	8,01	1000	33,3
	3,54	3,87	1000	21,7		4,73	8,48	1000	35,6
36 000	3,64	3,89	1000	21,2	74 000	4,86	8,38	1000	34,3
	3,63	4,11	1000	22,6		—	—	—	—
38 000	3,73	4,12	1000	22,0	77 000	4,94	8,76	1000	35,2
	3,71	4,35	1000	23,4		—	—	—	—

Noch: Zahlentafel D.

M cmkg	x cm	f_e qcm	σ_e kg/qcm	σ_s kg/qcm	M cmkg	x cm	f_e qcm	σ_e kg/qcm	σ_s kg/qcm
				$h = 15$ **cm.**					
30 000	3,50	2,43	1000	13,8	65 000	4,85	5,50	1000	22,6
	3,47	2,53	1000	14,7		4,83	5,73	1000	23,6
32 000	3,60	2,59	1000	14,4	70 000	5,04	5,95	1000	23,5
	3,58	2,71	1000	15,1		4,98	6,21	1000	24,8
34 000	3,69	2,77	1000	15,0	75 000	5,17	6,41	1000	24,6
	3,67	2,90	1000	15,8		5,13	6,70	1000	25,9
36 000	3,77	2,94	1000	15,6	80 000	5,29	6,80	1000	25,8
	3,75	3,06	1000	16,4		5,24	7,10	1000	27,1
38 000	3,87	3,11	1000	16,1	85 000	5,39	7,26	1000	26,9
	3,86	3,24	1000	16,8		5,37	7,58	1000	28,2
40 000	3,96	3,30	1000	16,6	90 000	5,54	7,72	1000	27,9
	3,95	3,43	1000	17,4		5,49	8,06	1000	29,4
42 000	4,04	3,46	1000	17,1	95 000	5,65	8,18	1000	28,9
	4,02	3,61	1000	18,0		5,63	8,55	1000	30,3
44 000	4,13	3,63	1000	17,6	100 000	5,77	8,65	1000	29,9
	4,10	3,78	1000	18,5		5,74	9,04	1000	31,4
46 000	4,20	3,80	1000	18,1	105 000	5,90	9,12	1000	30,9
	4,17	3,97	1000	18,9		5,83	9,54	1000	32,6
48 000	4,28	3,96	1000	18,6	110 000	5,98	9,59	1000	32,0
	4,26	4,15	1000	19,5		5,95	10,03	1000	33,6
50 000	4,36	4,16	1000	19,0	115 000	6,12	10,07	1000	32,8
	4,32	4,34	1000	20,0		6,05	10,53	1000	34,6
55 000	4,54	4,60	1000	20,2	120 000	6,20	10,55	1000	33,8
	4,51	4,80	1000	21,2		—	—	—	—
60 000	4,70	5,05	1000	21,4	127 000	6,31	11,13	1000	35,0
	4,69	5,27	1000	22,4		—	—	—	—

In der folgenden Zahlentafel E sind die für Deckenstärken von 10—20 cm unter Zugrundelegung der größten zulässigen Spannungen $\sigma_s = 35$ kg/qcm, $\sigma_e = 1000$ kg/qcm und $b = 100$ cm nach der Zahlentafel C ermittelten größten Biegungsmomente $M_{\max}$ und die zugehörigen x- und f_e-Werte angeführt.

Zahlentafel E.

$n = 25$.

h cm	$h - a$ cm	M cmkg	x cm	f_e qcm
10	8,5	49 000	3,94	6,88
	8,0	44 100	3,74	6,53
11	9,5	62 000	4,43	7,75
	9,0	55 700	4,20	7,34
12	10,5	77 000	4,93	8,64
	10,0	69 200	4,66	8,15
13	11,5	91 500	5,38	9,41
	11,0	83 500	5,14	8,99
14	12,5	107 500	5,83	10,20
	12,0	99 200	5,61	9,80
15	13,5	127 000	6,34	11,07
	13,0	116 300	6,07	10,61
16	14,5	148 000	6,84	12,00
	14,0	134 700	6,53	11,41
17	15,5	166 000	7,25	12,67
	15,0	155 300	7,01	12,25
18	16,5	187 000	7,70	13,45
	16,0	176 400	7,48	13,06
19	17,5	210 000	8,16	14,25
	17,0	198 900	7,94	13,87
20	18,5	235 000	8,63	15,07
	18,0	222 800	8,40	14,68

Die $M_{\max}$-Werte der Zahlentafel E ermöglichen die schnelle Ermittelung der größten noch zulässigen Stützweite l (Trägerentfernung) bei gegebenerBelastung bezw. der größten zulässigen Belastung für 1 qm, wenn die Stützweite gegeben ist.

Bei $M = \frac{q \cdot l^2 \cdot 100}{10}$ (q für 1 qm, l in Metern) berechnet sich

$$l = \sqrt{\frac{M}{10 \cdot q}} \quad \text{und} \quad q = \frac{M}{10 \cdot l^2};$$

bei $M = \frac{q \cdot l^2 \cdot 100}{8}$ ist $l = \sqrt{\frac{2 \cdot M}{25 \cdot q}}$ und $q = \frac{2 \cdot M}{25 \cdot l^2}$.

Z. B. für $h - a = 13{,}5$ cm, $h = 15$ cm, ist $M_{\max} = 127\,000$ cmkg, $f_e = 11{,}07$ qcm.

Darf das Moment nach $M = \frac{q \cdot l^2 \cdot 100}{10}$ berechnet werden, so ermittelt sich die größte noch zulässige Stützweite (Trägerentfernung), wenn $q = 1250$ kg/qm beträgt, $l = \sqrt{\frac{127\,000}{10 \cdot 1250}} = 3{,}18$ m und für eine Stützweite (Trägerentfernung) von 3 m die größte Belastung $q = \frac{127\,000}{10 \cdot 3^2} \sim 1410$ kg/qm.

III. Gestaltung der Eiseneinlagen.

Als Eiseneinlagen für Eisenbetondecken und auch für Eisensteindecken finden, abgesehen von den vielen Spezialeisen, welche hier nicht angeführt werden sollen, Rund-, Quadrat-, Band- und die meisten Profileisen Verwendung.

Rundeisen gehören wegen des leichten Bezuges, des verhältnismäßig niedrigen Preises und der bequemen Verwendung zu den meist gebräuchlichen Eiseneinlagen, obwohl die Form mit dem Geringstwerte an Oberfläche für das Haften am Mörtel nicht besonders günstig ist.

Quadrateisen haben den Vorteil, bei bestimmtem Querschnitt verhältnismäßig viel Oberfläche aufzuweisen; sie sind dadurch für das Haften günstiger wie Rundeisen.

Bandeisen finden ebenfalls vielfach Verwendung, sind aber nicht so günstig wie Rund- und Quadrateisen. Hochkant gestellt sind sie zwar bei Eisensteindecken gut in die Mörtelfuge einzufügen, doch wird der Querschnitt bei seiner verhältnismäßig großen Höhe im Vergleich zur Plattenhöhe sehr ungleichmäßig ausgenutzt; flach gelegt ist die Ausnutzung des Querschnittes gleichmäßiger, es ergeben sich aber sehr breite Fugen.

Profileisen — I, L, ⊥-Normalprofile, I-Differdingerträger u. a. — finden als biegungsfeste (steife) Eiseneinlagen bei Eisenbetondecken Verwendung. ⊥- und L-Eisen werden als biegungsfeste Eiseneinlagen auch bei Eisensteindecken oft verwendet und so angeordnet, daß eine Deckenschalung nicht erforderlich ist (vergl. Beispiel 17, S. 69). Die Verwendung von I-Normalprofilen, I-Differdingerträgern und anderen großprofiligen Eiseneinlagen bietet für Eisenbetondecken gegenüber den schlaffen Einlagen bei Bauausführungen häufig wesentliche Vorteile. Das Zurichten und Biegen fällt bei den biegungsfesten Eiseneinlagen fort und das Verlegen erfordert weniger Sachkenntnis. Ferner wird mit solchen Einlagen eine gute Aussteifung der Gebäudewände erzielt und kann die Aufhängung der Deckenschalung an die Trägerflansche in einfacher Weise erfolgen. Durch Abdeckung der Träger mit Bohlen können geeignete Arbeitsböden geschaffen werden.

Der Eisenverbrauch ist bei den großprofiligen Eiseneinlagen naturgemäß größer als bei schlaffen Einlagen, weil infolge der großen Höhe eine sehr ungleichmäßige Ausnutzung der Eisen erfolgt. Den wechselnden Biegungsmomenten bei durchgehenden Trägern kann mit den Profileisen nicht so gefolgt werden wie mit Stabeiseneinlagen, und sind biegungsfeste Einlagen hauptsächlich bei beidseitig frei aufliegenden Trägern anzuwenden. Auch sind die Schubarmierungen, besonders bei Plattenbalken, nicht so einfach auszubilden wie bei schlaffen Eiseneinlagen.

Werden die biegungsfesten Eiseneinlagen so angeordnet, daß eine Schalung für die Decke nicht erforderlich ist (vergl. Beispiel 6 und 17, S. 43 u. 69), oder wird die Deckenschalung an die Eiseneinlagen aufgehängt, ohne daß dieselben auf ihrer ganzen Länge unterstützt sind, so haben die Eiseneinlagen das Biegungsmoment aus dem Eigengewicht der Konstruktion allein aufzunehmen,[1]) weil der Beton bezw. der Mörtel erst dann zur Übertragung innerer Kräfte herangezogen werden kann, wenn er genügend erhärtet ist. Die Konstruktion kann in diesen Fällen nur für die Nutzlast als Verbundkonstruktion angesehen werden. Die Gesamtspannung der Eiseneinlage setzt sich zusammen aus der Spannung, welche die Einlage

[1]) Für Erschütterungen usw. während der Ausführung ist diese Belastung durch einen entsprechenden Zuschlag zu erhöhen.

durch das Eigengewicht der Konstruktion erfährt und derjenigen als Einlage der Verbundkonstruktion durch die Nutzlast.

IV. Berechnungsbeispiele.

A. Eisenbetondecken.

1. Beispiel. Eine beidseitig frei aufliegende Wohnhausdecke von 10 cm Stärke mit 10 R.-E. von 1 cm Durchmesser auf 1 m Breite, $f_e = 7{,}85$ qcm, hat bei 2,43 m Freilage eine Nutzlast von 250 kg/qm aufzunehmen.

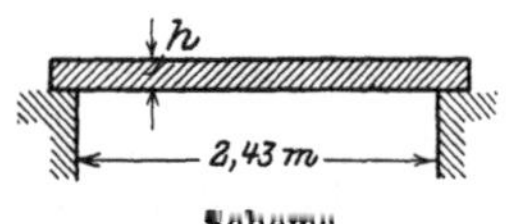

Schema.

Das Eigengewicht der Platte für 1 qm 1,0 . 0,1 . 2400	= 240 kg,
Fußboden und Putz	= 110 „
Nutzlast	= 250 „
	600 kg.

$$M = \frac{600 \cdot (2{,}43 + 0{,}1)^2 \cdot 100}{8} = 48\,000 \text{ cmkg.}$$

Gegeben $h = 10$ cm, $h - a = 8{,}5$ cm, $f_e = 7{,}85$ qcm; **gesucht** x, σ_b und σ_e.

Nach Gleichung (1) ist

$$x = \frac{15 \cdot 7{,}85}{100} \cdot \left[\sqrt{1 + \frac{2 \cdot 100 \cdot 8{,}5}{15 \cdot 7{,}85}} - 1\right] = 3{,}45 \text{ cm},$$

nach Gleichung (2) $\sigma_b = \dfrac{2 \cdot 48\,000}{100 \cdot 3{,}45 \cdot \left(8{,}5 - \dfrac{3{,}45}{3}\right)} = 37{,}8$ kg/qcm

und nach Gleichung (3) $\sigma_e = \dfrac{48\,000}{7{,}85 \cdot \left(8{,}5 - \dfrac{3{,}45}{3}\right)} = 832$ kg/qcm.

Für die Platte genügt Beton mit einer Druckfestigkeit nach 28 Tagen Erhärtung von $6 \cdot 37{,}8 \sim 228$ kg/qcm.

Um die auftretenden Schub- und Haftspannungen am Auflager zu ermitteln, ist zunächst die Schubkraft

$$V = \frac{q \cdot l}{2} = \frac{600 \cdot 2{,}53}{2} = 760 \text{ kg}$$

zu berechnen.

Die Schubspannung ist dann:

$$\tau_0 = \frac{V}{b \, . \left(h - a - \frac{x}{3}\right)} = \frac{760}{100 \, . \left(8{,}5 - \frac{3{,}45}{3}\right)} = 1{,}03 \text{ kg/qcm},$$

und die Haftspannung $\tau_1 = \frac{b \, . \, \tau_0}{U}$;

Umfang der Eisenanlagen $U = 10 \, . \, 1 \, . \, 3{,}14 = 31{,}4$ qcm;

$$\tau_1 = \frac{100 \, . \, 1{,}03}{31{,}4} = 3{,}28 \text{ kg/qcm}.$$

Die Eisen sind an den Enden hakenförmig umzubiegen.

Die zulässigen Werte für τ_0 und $\tau_1 = 4{,}5$ kg/qcm werden bei Platten nur in seltenen Fällen erreicht.

2. Beispiel. Werden die Abmessungen der Deckenplatte Beispiel 1 so ermittelt, daß die Spannungen die größten zulässigen Werte $\sigma_b = 40$ kg/qcm, $\sigma_e = 1000$ kg/qcm erreichen, so ergibt sich nach der Zahlentafel A für $M = 48000$ cmkg,

$$x = 0{,}146 \cdot \sqrt{\frac{M}{b}} = 0{,}146 \cdot \sqrt{\frac{48000}{100}} = 3{,}2 \text{ cm},$$

die nutzbare Deckenstärke

$$h - a = 0{,}39 \cdot \sqrt{\frac{M}{b}} = 0{,}39 \cdot \sqrt{\frac{48000}{100}} = 8{,}54 \text{ cm},$$

$$h = 8{,}54 + 1{,}5 \sim 10 \text{ cm}$$

und $f_e = 0{,}00293 \, . \sqrt{M \, . \, b} = 0{,}00293 \, . \sqrt{48000 \, . \, 100} = 6{,}42$ qcm.

3. Beispiel. Eine 10 cm starke Deckenplatte soll auf 1 m Breite ein Biegungsmoment von $M = 62000$ cmkg aufnehmen; $\sigma_b = 40$ kg/qcm. Nutzbare Deckenstärke $h - a = 8{,}5$ cm.

Nach Zahlentafel A ist erforderlich für $M = 62000$ cmkg, wenn beide Materialien voll ausgenutzt werden:

$$h - a = 0{,}39 \cdot \sqrt{\frac{M}{b}} = 0{,}39 \cdot \sqrt{\frac{62000}{100}} = 9{,}7 \text{ cm};$$

$$f_e = 0{,}00293 \cdot \sqrt{62000 \, . \, 100} = 7{,}3 \text{ qcm}.$$

Es ist nach Gleichung (7):

$$x^2 - 3 \,.\, 8{,}5 \,.\, x + \frac{6 \,.\, 62000}{40 \,.\, 100} = 0;$$

hieraus: $x = 4{,}41$ cm;

nach Gleichung (8):

$$f_e = \frac{100 \,.\, 4{,}41^2}{2 \,.\, 15 \,.\, (8{,}5 - 4{,}41)} = 15{,}85 \text{ qcm}$$

und nach Gleichung (9):

$$\sigma_e = \frac{15 \,.\, 40 \,.\, (8{,}5 - 4{,}41)}{4{,}41} = 556 \text{ kg/qcm.}$$

Für die 9,7 — 8,5 = 1,2 cm geringere nutzbare Deckenstärke sind 15,85 — 7,3 = 8,55 qcm Eisenquerschnitt mehr erforderlich.

4. Beispiel. Hat eine 10 cm starke Platte nur ein Biegungsmoment $M = 32000$ cmkg auf 1 m Breite aufzunehmen, $\sigma_e = 1000$ kg/qcm, $h - a = 8{,}5$ cm, so bestimmt sich aus Gleichung (10):

$$x^2 \left(8{,}5 - \frac{x}{3}\right) = \frac{32000 \,.\, 2 \,.\, 15}{100 \,.\, 1000} \cdot (8{,}5 - x)$$

und hieraus: $x = 2{,}71$ cm;

nach Gleichung (11):

$$f_e = \frac{32000}{1000 \cdot \left(8{,}5 - \frac{2{,}71}{3}\right)} = 4{,}21 \text{ qcm;}$$

nach Gleichung (2):

$$\sigma_b = \frac{2 \,.\, 32000}{100 \,.\, 2{,}71 \,.\, \left(8{,}5 - \frac{2{,}71}{3}\right)} = 31{,}2 \text{ kg/qcm.}$$

Wird die Lage der Nullinie angenähert ermittelt, so ergibt sich:

$$x = 0{,}15 \,.\, \sqrt{\frac{M}{b}} = 0{,}15 \,.\, \sqrt{\frac{32000}{100}} = 2{,}68 \text{ cm,}$$

$$f_e = \frac{32000}{1000 \,.\, \left(8{,}5 - \frac{2{,}68}{3}\right)} = 4{,}2 \text{ qcm,}$$

$$\sigma_b = \frac{2 \,.\, 32000}{100 \,.\, 2{,}68 \,.\, \left(8{,}5 - \frac{2{,}68}{3}\right)} = 31{,}5 \text{ kg/qcm.}$$

Die angenäherte Berechnung liefert also genügend genaue Werte.

Nach Zahlentafel B ist für $M = 32\,000$ cmkg, $\sigma_e = 1000$ kg/qcm, $\sigma_b = 40$ kg/qcm, $h - a = 6{,}98$ cm, $f_e = 5{,}24$ qcm. Die Eisenersparnis beträgt in diesem Falle bei rund 1,5 cm größerer nutzbarer Deckenstärke nur rund 1 qcm auf 1 m Breite.

5. Beispiel. Es soll ermittelt werden, welche Gesamtbelastung für den Quadratmeter eine 10 cm starke Platte mit $h - a = 8{,}5$ cm und $f_e = 6{,}42$ qcm bei $\sigma_e = 1000$ kg/qcm erhalten darf, nach Gleichung (1) ist:

$$x = \frac{15 \,.\, 6{,}42}{100} \cdot \left[\sqrt{1 + \frac{2 \,.\, 100 \,.\, 8.5}{15 \,.\, 6{,}42}} - 1\right] = 3{,}2 \text{ cm},$$

nach Gleichung (12):

$$\sigma_b = \frac{1000 \,.\, 3{,}2}{15 \,.\, (8{,}5 - 3{,}2)} = 40 \text{ kg/qcm}$$

und nach Gleichung (14):

$$M = 6{,}42 \,.\, 1000 \,.\, \left(8{,}5 - \frac{3{,}2}{3}\right) = 48\,000 \text{ cmkg.}$$

Bei $M = \frac{q \,.\, l^2 \,.\, 100}{8}$ ergibt sich für eine Stützweite von 2,53 m $q = \frac{8 \,.\, 48\,000}{100 \,.\, 2{,}53^2} = 600$ kg/qm. Die ermittelten Werte decken sich mit denjenigen des Beispiels 1.

6. Beispiel. Eine beiderseits frei aufliegende Eisenbetonplatte von 4,5 m Freilage und 24 cm Stärke soll biegungsfeste Eiseneinlagen erhalten. Die zur Verwendung kommenden I-Träger sind in 50 cm Entfernung angeordnet. Das Eigengewicht der Decke

beträgt einschließlich Fußboden . .	650 kg/qm,
Nutzlast	250 „
	900 kg/qm.

a) Die Eiseneinlagen werden zum Tragen der Schalung nicht benutzt (Fig. 16).

$$M = \frac{0{,}5 \,.\, 900 \,.\, (4{,}5 + 0{,}24)^2 \,.\, 100}{8} = 126\,380 \text{ cmkg.}$$

Verwendet werden I-Normalprofil 12, $f_e = 14{,}2$ qcm; $h - a = 16$ cm, $b = 50$ cm.

Nach Gleichung (1) ist:

$$x = \frac{15 \,.\, 14{,}2}{50} \cdot \left[\sqrt{1 + \frac{2 \,.\, 50 \,.\, 16}{15 \,.\, 14{,}2}} - 1\right] = 8{,}18 \text{ cm},$$

nach Gleichung (15): $\sigma_b = \frac{M \,.\, x}{J}$;

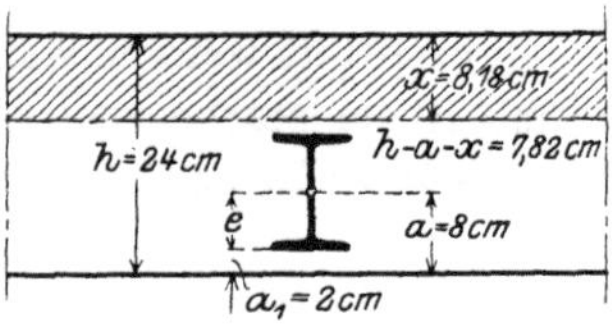

Fig. 16.

nach Gleichung (17):

$$J = \frac{50 \,.\, 8{,}18^3}{3} + 15 \,.\, [327 + 14{,}2 \,.\, (16 - 8{,}18)^2],$$

$$J = 27\,050 \text{ cm}^4,$$

$$\sigma_b = \frac{126\,380 \,.\, 8{,}18}{27\,050} = 38{,}2 \text{ kg/qcm},$$

und die größte Eisenspannung nach Gleichung (16):

$$\sigma_{e\,\max} = \frac{M \,.\, n \,.\, (h - a_1 - x)}{J},$$

$$= \frac{126\,380 \,.\, 15 \,.\, (24 - 2 - 8{,}18)}{27\,050} = 970 \text{ kg/qcm}.$$

b) Die Eiseneinlagen werden zum Tragen der Schalung benutzt (Fig. 17).

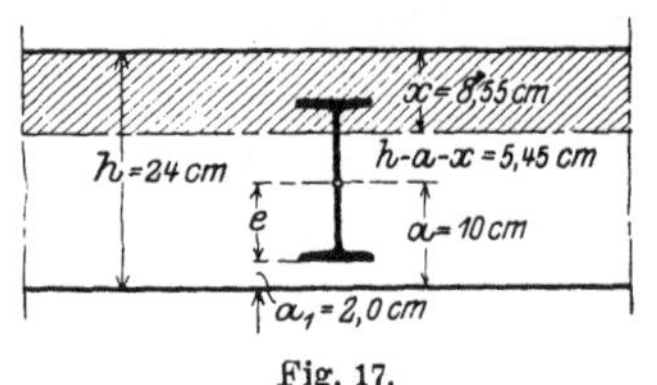

Fig. 17.

In diesem Falle haben die Einlagen das ganze Eigengewicht der Konstruktion aufzunehmen.

Verwendet werden I-Normalprofil 16 mit $W = 117$ cm³ und $f_e = 22{,}8$ qcm. Die Beanspruchung, welche ein Träger durch das Eigengewicht erfährt:

$$\sigma_e = \frac{0{,}5 \,.\, 4{,}5 \,.\, 650 \,.\, 450}{8 \,.\, 117} = 702 \text{ kg/qcm}.$$

Für die Nutzlast kann die Konstruktion als Verbundkonstruktion berechnet werden:

$$M = \frac{0{,}5 \,.\, 250 \,.\, (4{,}5 + 0{,}24)^2 \,.\, 100}{8} = 35\,100 \text{ cmkg},$$

$$h - a = 14 \text{ cm}; \; x = \frac{15 \,.\, 22{,}8}{50} \cdot \left[\sqrt{1 + \frac{2 \,.\, 50 \,.\, 14}{15 \,.\, 22{,}8}} - 1\right] = 8{,}55 \text{ cm},$$

$$J = \frac{50 \,.\, 8{,}55^3}{3} + 15 \,.\, [933 + 22{,}8 \,.\, (14 - 8{,}55)^2] = 34\,570 \text{ cm}^4,$$

$$\sigma_b = \frac{35\,100 \,.\, 8{,}55}{34\,570} = 8{,}7 \text{ kg/qcm},$$

$$\sigma_e = \frac{35\,100 \,.\, 15 \,.\, (24 - 2 - 8{,}55)}{34\,570} = 205 \text{ kg/qcm}.$$

Die größte Spannung im Eisen $\sigma_{e\,max} = 702 + 205 = 907$ kg/qcm.

7. Beispiel. Ein Raum 4,0 . 5,0 m im Lichten soll mit einer kreuzweise armierten Platte überdeckt werden.

Das Eigengewicht der Platte beträgt einschließlich

Fußboden und Putz für 1 qm	500 kg,
Nutzlast „ 1 „	250 „
	750 kg/qm.

Das Angriffsmoment, bezogen auf die kürzere Traglänge, ist:

$$M = \frac{750 \,.\, (4{,}0 + 0{,}14)^2 \,.\, 100}{12} = 107\,120 \text{ cmkg}.$$

Nach der Zahlentafel A ist für $\sigma_b = 40$ kg/qcm, $\sigma_e = 1000$ kg/qcm:

$$x = 0{,}146 \cdot \sqrt{\frac{107\,120}{100}} = 4{,}8 \text{ cm};$$

$$h - a = 0{,}39 \cdot \sqrt{\frac{107\,120}{100}} = 12{,}8 \text{ cm}, \; h \sim 15 \text{ cm};$$

$$f_e = 0{,}002\,93 \,.\, \sqrt{107\,120 \,.\, 100} = 9{,}5 \text{ qcm}.$$

Für die kürzere Traglänge genügen 10 R.-E. von 1,1 cm Durchmesser mit $f_e = 9{,}5$ qcm; die Eisen für die längere Traglänge können geringere, etwa im umgekehrten Verhältnis der Länge und Breite der Decke stehende Stärken erhalten. Es genügen 10 R.-E. von 1,0 cm Durchmesser mit $f_e = 7{,}85$ qcm.

Wird angenommen, daß der Schnittpunkt zweier sich kreuzende Tragstäbe einer frei aufliegenden, gleichmäßig belasteten Platte mit rechteckigem Grundriß durch die Belastung die gleiche Durchbiegung erfahren muß, so berechnen sich die Teillasten auf die beiden Tragwirkungen, wenn q die Gesamtlast für die Einheit (Fig. 18)

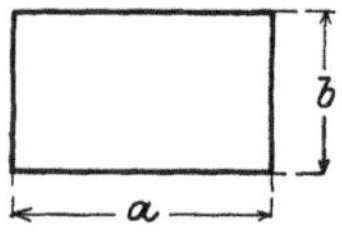

Fig. 18.

$$q_1 = q \cdot \frac{a^4}{a^4 + b^4} \text{ für die kurze}$$

und

$$q_2 = \frac{b^4}{a^4 + b^4} \text{ für die lange Traglänge;}$$

$$q_1 + q_2 = q.$$

Für $a = b$, Platte mit quadratischer Grundfläche, ist

$$q_1 = q_2 = \frac{q}{2}.$$

Diese Berechnung gibt wenigstens einen Anhalt, wie die beiden Tragwirkungen sich an der Lastübertragung beteiligen und ermöglicht auch die Berechnung der Schub- und Haftspannungen.

Ist $a > 1{,}5 \,.\, b$, so muß die Platte als zweiseitig aufgelagert (Stützweite b) berechnet werden.

Für die vorstehend berechnete Platte ergibt sich:

$$q_1 = 750 \cdot \frac{(5{,}0 + 0{,}14)^4}{5{,}14^4 + 4{,}14^4} = 750 \,.\, 0{,}704 = 528 \text{ kg/qm;}$$

$$q_2 = 750 \cdot \frac{4{,}14^4}{5{,}14^4 + 4{,}14^4} = 750 \,.\, 0{,}296 = 222 \text{ kg/qm;}$$

$$q_1 + q_2 = 528 + 222 = 750 \text{ kg/qm;}$$

$$M_1 = \frac{528 \,.\, 4{,}14^2 \,.\, 100}{8} = 113\,120 \text{ cmkg;}$$

$$x = 0{,}146 \cdot \sqrt{\frac{113120}{100}} = 4{,}9 \text{ cm;}$$

$$h - a = 0{,}39 \cdot \sqrt{\frac{113120}{100}} = 13 \text{ cm; } h = 15 \text{ cm;}$$

$$f_e = 0{,}00293 \,.\, \sqrt{113120 \,.\, 100} = 9{,}85 \text{ qcm; 9 R.-E. von 1,2 cm Durchmesser mit } f_e = 10{,}18 \text{ qcm;}$$

$$M_2 = \frac{222 \,.\, 5{,}14^2 \,.\, 100}{8} = 73\,320 \text{ cmkg};$$

$$x = 0{,}152 \cdot \sqrt{\frac{73\,320}{100}} = 4{,}12 \text{ cm};$$

nach Gleichung (2):

$$\sigma_b = \frac{2 \,.\, 73320}{100 \,.\, 4{,}12 \,.\left(13 - \frac{4{,}12}{3}\right)} = 30{,}6 \text{ kg/qcm};$$

nach Gleichung (11):

$$f_e = \frac{73320}{1000 \,.\left(13 - \frac{4{,}12}{3}\right)} = 6{,}32 \text{ qcm}$$

genügen 10 R.-E. von 0,9 cm Durchmesser mit $f_e = 6{,}36$ qcm nach der langen Traglänge.

8. Beispiel. Für einen Raum mit einer Grundfläche von 6 . 8,3 m soll für eine Nutzlast von 500 kg/qm eine Plattenbalkendecke dimensioniert werden. Die Anordnung der Rippen zeigt Fig. 19.

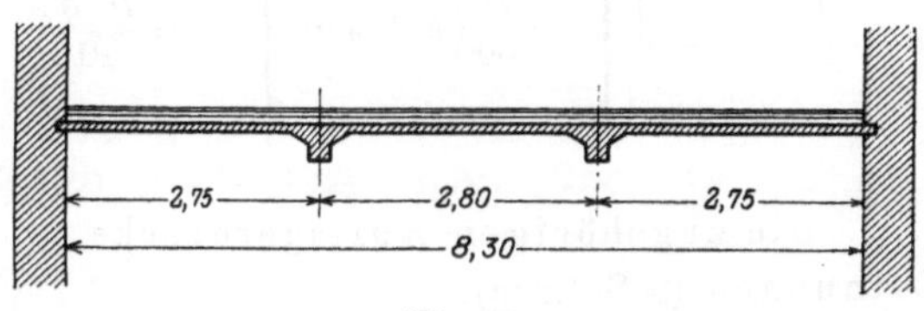

Fig. 19.

Eigengewicht der Platte für 1 qm $1{,}0^2 \,.\, 0{,}115 \,.\, 2400$	= 276 kg
Auffüllung, Fußboden und Putz	= 154 „
	430 kg
Nutzlast	= 500 „
	930 kg/qm.

Die Berechnung der auftretenden Biegungsmomente darf nach § 14³ der „Bestimmungen“ für durchlaufende Platten und Balken, wenn q die gleichmäßig verteilte Gesamtbelastung beträgt, in den Feldmitten nach $\frac{q \,.\, l^2}{10}$ und über den Stützen nach $\frac{q \,.\, l^2}{8}$ erfolgen.

Von den tatsächlichen Verhältnissen entfernt man sich damit ziemlich beträchtlich. Es empfiehlt sich zur Berechnung der Momente, wenn gleiche Feldweiten vorhanden sind und die Gesamtbelastung, Eigengewicht und Nutzlast gleichmäßig verteilt und überall gleich groß ist, von den sogen. Winklerschen Zahlen Gebrauch zu machen oder die folgenden Angaben zu benutzen, welche ausreichend genaue Werte liefern. Ist g das Eigengewicht, p die Nutzlast und q die ganze Belastung der Flächeneinheit einer Platte oder eines Balkens, so ist:

Anzahl der Öffnungen:	$+M_1$	$-M_2$	$+M_3$
2 Öffnungen (3 Stützen).	$M_1 = \frac{l^2}{50}(4g+5p)$ $= \frac{l^2}{50}(p+4q)$	$M_2 = \frac{l^2}{8}(g+p)$ $= \frac{l^2 \cdot q}{8}$	—
3 Öffnungen (4 Stützen).	$M_1 = \frac{l^2}{50}(4g+5p)$ $= \frac{l^2}{50}(p+4q)$	$M_2 = \frac{l^2}{10}(g+p)$ $= \frac{l^2 \cdot q}{10}$	$M_3 = \frac{l^2}{40}(g+3p)$ $= \frac{l^2}{40}(q+2p)$

Die zugehörigen Auflagerdrücke.

2 Öffnungen (3 Stützen):

$$A = C = \frac{3}{8} \cdot q \cdot l; \quad B = \frac{10}{8} \cdot q \cdot l.$$

3 Öffnungen (4 Stützen):

$$A = D = \frac{4}{10} \cdot q \cdot l.$$

$$B = C = \frac{11}{10} \cdot q \cdot l.$$

Da die Kontinuität nur über höchstens 3 Felder (4 Stützen) ausgedehnt werden darf, kommen nur die vorstehend angegebenen Systeme auf 3 und 4 Stützen in Frage und sind Systeme auf mehr als 4 Stützen entsprechend zu zerlegen.

Bei durchlaufenden Balken mit ungleichen Feldweiten, Einzellasten oder nicht gleichmässig verteilten Lasten werden die Momente über den mittleren Stützen zweckmäßig nach den Clapeyronschen Gleichungen berechnet (vergl. Fig. 20 und 21). Es bedeuten:

l_0, l_1, l_2 die Stützweiten, d. s. die Entfernungen der aufeinanderfolgenden Stützen bezw. Balken.

q_0, q_1, q_2 die gleichmäßigen totalen Belastungen im Feld I, II, III, bestehend aus Eigengewicht oder Eigengewicht + Nutzlast, je nach der zu berücksichtigenden Laststellung.

P_0, P_1, P_2 die feststehenden Einzellasten im Feld I, II, III, bestehend aus Eigengewicht oder Eigengewicht + Nutzlast, je nach der zu berücksichtigenden Laststellung.

a_0, b_1 und a_1, b_2 die Entfernung der Einzellasten P von den Stützen.

M_0, M_1, M_2, M_3 die Stützenmomente, d. s. die Biegungsmomente über den aufeinanderfolgenden Stützen.

A', B', C', D' die Auflagerdrücke der einfachen Balken, welche entstehen, wenn man sich den durchlaufenden Balken über den Stützen durchschnitten denkt.

A, B, C, D die Auflagerdrücke des durchlaufenden Balkens.

M_x das Feldmoment an irgendeiner Stelle zwischen zwei aufeinanderfolgenden Stützen in der Entfernung x von der nächsten links liegenden Stütze.

max M die größten Feldmomente bei der nach Fig. 20 bezw. 21 zu berücksichtigenden Laststellung.

x_0, x_1, x_2 die Entfernungen der max M im Feld I, II, III von den nächsten links liegenden Stützen.

Die allgemeine Form der Clapeyronschen Gleichungen ist, gleiche Höhenlage der Stützen vorausgesetzt:

$$M_0 \cdot l_0 + 2 \cdot M_1 \cdot (l_0 + l_1) + M_2 \cdot l_1 + N_P + N_q = 0;$$

das Glied N_P berücksichtigt die Einzellasten, N_q die totale gleichmäßige Belastung.

Es lassen sich ebenso viele Clapeyronsche Gleichungen aufstellen als Mittelstützen vorhanden sind, mit der gleichen Anzahl von Unbekannten, da die Momente der Endstützen meist gleich Null sind, oder, wenn dies nicht der Fall ist, wegen ihrer statischen Bestimmtheit ohne Schwierigkeiten berechnet werden können.

Träger über 2 Öffnungen (3 Stützen).

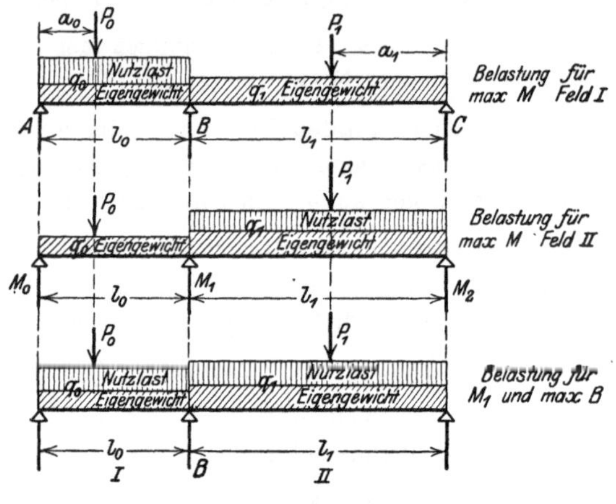

Fig. 20.

Momente über den Endstützen $M_0 = M_2 = 0$.

Mit Bezug auf Fig. 20 bestimmt sich das negative Moment über der Mittelstütze aus:

$$M_1 = -\frac{1}{2 \cdot (l_0 + l_1)} \cdot$$

$$\cdot \Bigg[\underbrace{\frac{P_0 \cdot a_0 \cdot (l_0^2 - a_0^2)}{l_0} + \frac{P_1 \cdot a_1 \cdot (l_1^2 - a_1^2)}{l_1}}_{N_P} + \underbrace{\frac{q_0 \cdot l_0^3 + q_1 \cdot l_1^3}{4}}_{N_q}\Bigg].$$

Bei mehreren Einzellasten in jedem Felde würde jede zu dem betreffenden Gliede von N_P ihren Beitrag liefern und es würde werden:

$$N_P = \frac{\Sigma \cdot P_0 \cdot a_0 \cdot (l_0^2 - a_0^2)}{l_0} + \frac{\Sigma \cdot P_1 \cdot a_1 \cdot (l_1^2 - a_1^2)}{l_1}.$$

Die Auflagerdrücke bestimmen sich aus:

$$A = A' - \frac{M_1}{l_0}, \quad B = B' + M_1 \cdot \left(\frac{1}{l_0} + \frac{1}{l_1}\right); \quad C = C' - \frac{M_1}{l_1}.$$

Ist nur gleichmäßige totale Belastung der ganzen Felder vorhanden, so wird:

$$M_1 = -\frac{q_0 \cdot l_0^3 + q_1 \cdot l_1^3}{8 \cdot (l_0 + l_1)};$$

für Feld I:

$$M_x = q_0 \cdot \frac{x \,.\, (l_0 - x)}{2} - M_1 \cdot \frac{x}{l_0},$$

$$\max M = q_0 \cdot \frac{x_0 \,.\, (l_0 - x_0)}{2} - M_1 \cdot \frac{x_0}{l_0},$$

$$x_0 = \frac{l_0}{2} - \frac{M_1}{q_0 \,.\, l_0} \text{ von Stütze A;}$$

für Feld II:

$$M_x = q_1 \cdot \frac{x \,.\, (l_1 - x)}{2} - \frac{M_1 \,.\, (l_1 - x)}{l_1},$$

$$\max M = q_1 \cdot \frac{x_1 \,.\, (l_1 - x_1)}{2} - \frac{M_1 \,.\, (l_1 - x_1)}{l_1},$$

$$x_1 = \frac{l_1}{2} + \frac{M_1}{q_1 \,.\, l_1} \text{ von Stütze B.}$$

Träger über 3 Öffnungen (4 Stützen).

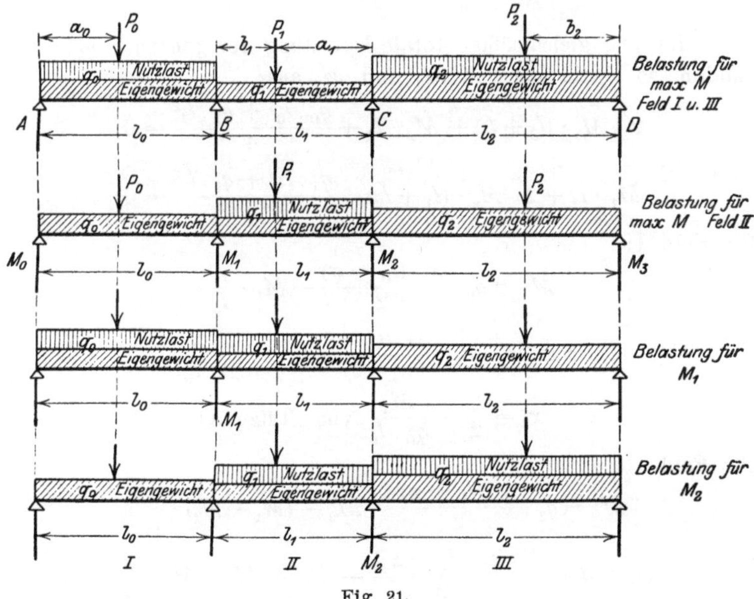

Fig. 21.

Momente über den Endstützen $M_0 = M_3 = 0$.

Mit Bezug auf Fig. 21 bestimmen sich die negativen Momente über den Mittelstützen aus:

$$2 \cdot M_1 \cdot (l_0 + l_1) + M_2 \cdot l_1 + \frac{P_0 . a_0 . (l_0^2 - a_0^2)}{l_0} +$$
$$+ \frac{P_1 . a_1 . (l_1^2 - a_1^2)}{l_1} + \frac{q_0 . l_0^3 + q_1 . l_1^3}{4} = 0;$$

$$M_1 \cdot l_1 + 2 \cdot M_2 \cdot (l_1 + l_2) + \frac{P_1 . b_1 . (l_1^2 - b_1^2)}{l_1} +$$
$$+ \frac{P_2 . b_2 . (l_2^2 - b_2^2)}{l_2} + \frac{q_1 . l_1^3 + q_2 . l_2^3}{4} = 0.$$

Die Auflagerdrücke:

$$A = A' - \frac{M_1}{l_0}, \quad B = B' + M_1 \cdot \left(\frac{1}{l_0} + \frac{1}{l_1}\right) - \frac{M_2}{l_1},$$
$$C = C' + M_2 \cdot \left(\frac{1}{l_1} + \frac{1}{l_2}\right) - \frac{M_1}{l_1}; \quad D = D' - \frac{M_2}{l_2}.$$

Ist nur gleichmäßige totale Belastung der ganzen Felder vorhanden, so bestimmen sich M_1 und M_2 aus:

$$2 \cdot M_1 \cdot (l_0 + l_1) + M_2 \cdot l_1 + \frac{q_0 . l_0^3 + q_1 . l_1^3}{4} = 0,$$

$$M_1 \cdot l_1 + 2 \cdot M_2 \cdot (l_1 + l_2) + \frac{q_1 . l_1^3 + q_2 . l_2^3}{4} = 0;$$

für Feld I:

$$M_x = q_0 \cdot \frac{x . (l_0 - x)}{2} - M_1 \cdot \frac{x}{l_0},$$

$$\max M = q_0 \cdot \frac{x_0 . (l_0 - x_0)}{2} - M_1 \cdot \frac{x_0}{l_0},$$

$$x_0 = \frac{l_0}{2} - \frac{M_1}{q_0 . l_0} \text{ von Stütze A;}$$

für Feld II:

$$M_x = q_1 \cdot \frac{x . (l_1 - x)}{2} - M_2 - (M_1 - M_2) \cdot \frac{x}{l_1},$$

$$\max M = q_1 \cdot \frac{x_1 . (l_1 - x_1)}{2} - M_2 - (M_1 - M_2) \cdot \frac{x_1}{l_1},$$

$$x_1 = \frac{l_1}{2} - \frac{M_1 - M_2}{q_1 . l_1} \text{ von Stütze B;}$$

für Feld III:

$$M_x = q_2 \cdot \frac{x \, . \, (l_2 - x)}{2} - \frac{M_2 \, . \, (l_2 - x)}{l_2},$$

$$\max M = q_2 \cdot \frac{x_2 \, . \, (l_2 - x_2)}{2} - \frac{M_2 \, . \, (l_2 - x_2)}{l_2},$$

$$x_2 = \frac{l_2}{2} + \frac{M_2}{q_2 \, . \, l_2} \text{ von Stütze C.}$$

Zur Berechnung der Belastung der die durchlaufenden Platten stützenden Plattenbalken wird es bei Systemen auf 4 Stützen in der Regel genügen, die Auflagerdrücke so groß anzunehmen, wie sie sich ohne Berücksichtigung der Kontinuität, also für einen beidseitig aufgelagerten Balken, ergeben.

Bei Systemen auf 3 Stützen wird besser der Auflagerdruck mit Berücksichtigung der Kontinuität eingeführt.

Im vorliegenden Falle ergibt sich für die Platte noch:

$$M_1 = \frac{l^2}{50} \cdot (p + 4 \, . \, q) = \frac{2{,}80^2}{50} \cdot (500 + 4 \, . \, 930) = + 661{,}7 \text{ mkg}$$
$$= + 66170 \text{ cmkg}.$$

$$M_2 = \frac{l^2}{10} \cdot q = \frac{2{,}80^2 \, . \, 930}{10} = - 729 \text{ mkg} = - 72900 \text{ cmkg};$$

$$M_3 = \frac{l^2}{40} \cdot (g + 3 \, . \, p) = \frac{2{,}8^2}{40} \cdot (430 + 3 \, . \, 500) = + 378{,}3 \text{ mkg}$$
$$= + 37830 \text{ cmkg}.$$

Die Gleichung $M_2 = \frac{l^2}{10} \cdot q$ gibt für die Stützenmitte etwas zu kleine Werte, bei Benutzung der W i n k l e r schen Zahlen berechnet sich:

$$M_2 = \begin{cases} - 0{,}1 \, . \, g \, . \, l^2 & = - 0{,}1 \, . \, 430 \, . \, 2{,}80^2 = 337{,}12 \text{ mkg} \\ - 0{,}11667 \, . \, p \, . \, l^2 & = - 0{,}11667 \, . \, 500 \, . \, 2{,}80^2 = \underline{457{,}34 \quad ,,} \end{cases}$$
$$794{,}46 \text{ mkg}$$
$$= 79446 \text{ cmkg}.$$

Es ist aber dabei zu bedenken, daß das negative Moment bei einem Träger auf 4 Stützen schon bei rund 0,27 . l von der Stützenmitte gleich Null wird, also sehr schnell abnimmt; 0,05 l von der Stützenmitte, noch innerhalb der Rippe, beträgt das negative Moment nur:

$$- 0{,}07625 \, . \, 430 \, . \, 2{,}80^2 = - 257{,}05 \text{ mkg}$$
$$- 0{,}09033 \, . \, 500 \, . \, 2{,}80^2 = \underline{- 354{,}09 \quad ,,}$$
$$- 611{,}14 \text{ mkg} = 61114 \text{ cmkg},$$

so daß nach den obigen Angaben berechnete Momente für die Praxis ausreichende Genauigkeit aufweisen dürften.

Bei $\sigma_b = 40$ kg/qcm, $\sigma_e = 1000$ kg/qcm ist nach Zahlentafel A für das Endfeld:

$$h - a = 0{,}39 \cdot \sqrt{\frac{66\,170}{100}} = 10 \text{ cm}, \quad h = 10 + 1{,}5 = 11{,}5 \text{ cm},$$

$$f_e = 0{,}00293 \cdot \sqrt{\frac{66\,170}{100}} = 7{,}54 \text{ qcm};$$

über der Rippe:

$$h - a = 0{,}39 \cdot \sqrt{\frac{72\,900}{100}} = 10{,}53 \text{ cm}, \quad h = 12 \text{ cm};$$

$$f_e = 0{,}00293 \cdot \sqrt{\frac{72\,900}{100}} = 7{,}9 \text{ qcm};$$

für das Mittelfeld:

$$h - a = 0{,}39 \cdot \sqrt{\frac{37\,830}{100}} = 7{,}57 \text{ cm}, \quad h = 9 \text{ cm}.$$

$$f_e = 0{,}00293 \cdot \sqrt{\frac{37\,830}{100}} = 5{,}7 \text{ qcm}.$$

Verwendet werden R.-E. von 1,1 cm Durchmesser, und zwar im Endfeld auf 1 m Breite 8 R.-E. mit $f_e = 7{,}6$ qcm, über der Rippe 9 R.-E. mit $f_e = 8{,}56$ qcm, im Mittelfeld 6 R.-E. mit $f_e = 5{,}7$ qcm.

Für den Plattenbalken ist die nutzbare Breite $b = \frac{600 \,.\, 2}{6} = 200$ cm.
Belastung für 1 lfd. m:

Platte mit Nutzlast 2,8 . 1,0 . 930	. . . .	= 2600 kg,
Eigengewicht der Rippe mit Abschrägung	.	∼ 250 „
		2850 kg.

$$l = 6{,}0 + 0{,}30 = 6{,}3 \text{ m}, \quad M = \frac{2850 \,.\, 6{,}3^2 \,.\, 100}{8} = 1\,413\,960 \text{ cmkg};$$

$$h = 39 \text{ cm}, \quad h - a = 39 - 6 = 33 \text{ cm}, \quad d = 11{,}5 \text{ cm}, \quad b_1 = 25 \text{ cm}.$$

Die Eiseneinlagen aus 8 R.-E. mit 2,8 cm Durchmesser haben einen Querschnitt von $f_e = 49{,}26$ qcm.

Nach Gleichung (23) ist (wenn $x > d$):

$$x = \frac{\frac{200 \,.\, 11{,}5^2}{2} + 15 \cdot 49{,}26 \cdot 33}{200 \,.\, 11{,}5 + 15 \,.\, 49{,}26} = 12{,}37 \text{ cm};$$

nach Gleichung (24):

$$y = 12{,}37 - \frac{11{,}5}{2} + \frac{11{,}5^2}{6\,.\,(2\,.\,12{,}37 - 11{,}5)} = 8{,}28 \text{ cm};$$

nach Gleichung (25):

$$\sigma_e = \frac{1\,413\,960}{49{,}26\,.\,(33 - 12{,}27 + 8{,}28)} = 993 \text{ kg/qcm},$$

und nach Gleichung (26):

$$\sigma_b = \frac{12{,}37\,.\,993}{15\,.\,(33 - 12{,}37)} = 39{,}7 \text{ kg/qcm}.$$

$V = \dfrac{2850\,.\,6{,}0}{2} = 8550$ kg; die Schubspannung im Beton

$$\tau_0 = \frac{V}{b_1\,.\,(h - a - x + y)} = \frac{8550}{25\,.\,(39 - 6 - 12{,}37 + 8{,}28)} = 11{,}8 \text{ kg/qcm}.$$

Zur Aufnahme des über $\tau_{zul.}$ hinausgehenden Betrages der Schubspannung sind besondere Eiseneinlagen anzuordnen.

Die Stelle, wo mit dem Aufbiegen der Eisen zu beginnen ist, findet sich aus der Bedingung, daß an dieser Stelle die Querkraft V_1 nur sein darf:

$$\frac{8550\,.\,4{,}5}{11{,}8} = 3260 \text{ kg},$$

dies ist erfüllt in $a = \dfrac{8550 - 3260}{2850} = 1{,}86$ m vom Auflager.

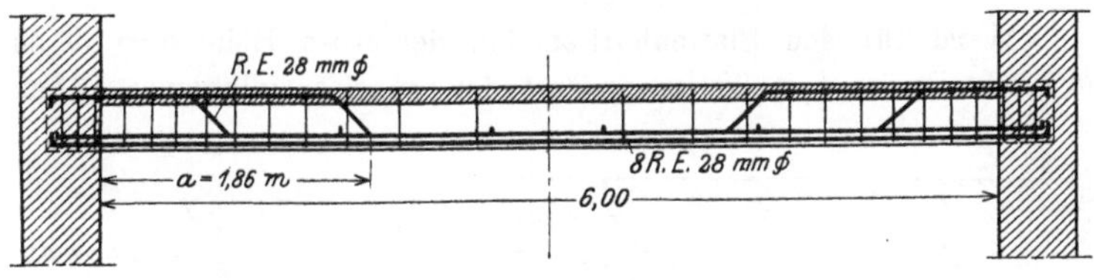

Fig. 22.

Die von den aufgebogenen Eisen aufzunehmende Gesamtzugkraft ist:

$$Z = \frac{a}{\sqrt{2}} \cdot (\tau_0 - \tau_{zul.}) \cdot \frac{1}{2} \cdot b_1,$$

$$Z = \frac{186}{\sqrt{2}} \cdot (11{,}8 - 4{,}5) \cdot \frac{1}{2} \cdot 25 = 12000 \text{ kg}.$$

Da die 8 R.-E. unten liegen bleiben müssen, damit die Haftspannung den zulässigen Wert nicht überschreitet, werden 2 unter rund 45° abgebogene R.-E. von 2,8 cm Durchmesser mit $f_e = 12,31$ qcm besonders eingelegt:

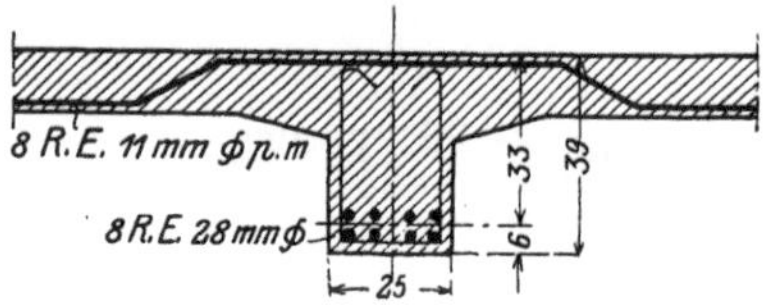

$$\sigma_e = \frac{12000}{12,31} = 975 \text{ kg/qcm.}$$

Fig. 23.

Außer den aufgebogenen Eisen werden zweckmäßig noch Bügel über die ganze Balkenlänge verteilt angeordnet (Fig. 22).

Die Haftspannung an den unteren 8 R.-E.:

$$\tau_1 = \frac{25 \,.\, 11,8}{8 \,.\, 2,8 \,.\, 3,14} = 4,2 \text{ kg/qcm.}$$

Werden die Gleichungen (15) und (16) zur Ermittelung der Spannungen benutzt, so ergibt sich da:

$$J = \frac{200 \,.\, 12,37^3}{3} - (200 - 25) \cdot \frac{(12,37 - 11,5)^3}{3} + $$
$$+ 15 \,.\, 49,26 \,.\, (33 - 12,37)^2;$$
$$J = 440630 \text{ cm}^4;$$
$$\sigma_b = \frac{M \,.\, x}{J} = \frac{1413960 \,.\, 12,37}{440630} = 39,7 \text{ kg/qcm;}$$
$$\sigma_e = \frac{M \,.\, n \,.\, (h - a - x)}{J} = \frac{1413960 \,.\, 15 \,.\, (33 - 12,37)}{440630} = 993 \text{ kg/qcm.}$$

Wird für den Plattenbalken bei derselben Höhe $h = 39$ cm und einer Breite $b_1 = 28$ cm anstatt der Stabeiseneinlagen 1 Differ-

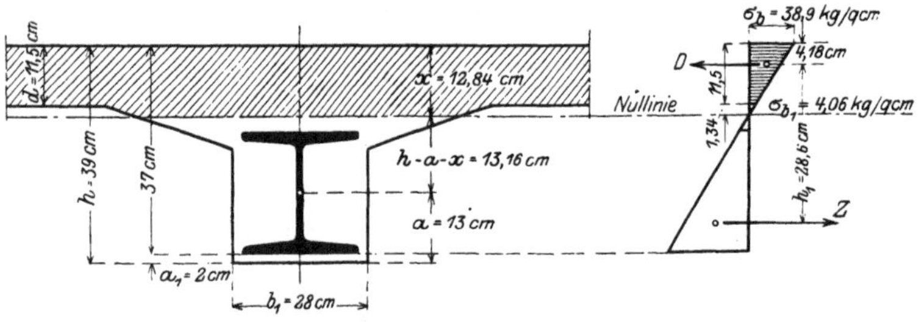

Fig. 24.

dinger I 22 *B* mit $f_e = 82,6$ qcm als biegungsfeste Eiseneinlage verwendet, so ermittelt sich (Fig. 24):

$$x = \frac{\frac{200 \,.\, 11{,}5^2}{2} + 15 \,.\, 82{,}6 \,.\, (39 - 13)}{200 \,.\, 11{,}5 + 15 \,.\, 82{,}6} = 12{,}84 \text{ cm};$$

$$J = \frac{200 \,.\, 12{,}84^3}{3} - (200 - 28) \cdot \frac{(12{,}84 - 11{,}5)^3}{3} +$$
$$+ 15 \,.\, (7379 + 82{,}6 \,.\, 13{,}16^2);$$

$$J = 466160 \text{ cm}^4;$$

$$\sigma_b = \frac{1413960 \,.\, 12{,}84}{466160} = 38{,}9 \text{ kg/qcm};$$

$$\sigma_e = \frac{1413960 \,.\, (37 - 12{,}84) \,.\, 15}{466160} = 1099 \text{ kg/qcm}.$$

$V = 8550$ kg; die Schubspannung im Beton $\tau_0 = \frac{V}{b_1 \,.\, h_1}$; h_1 der Abstand der inneren Mittelkräfte D und Z ergibt sich aus $h_1 = \frac{M}{D}$.

Nach Fig. 24 ist:

$$\sigma_{b_1} = \frac{38{,}9 \,.\, 1{,}34}{12{,}84} = 4{,}06 \text{ kg/qcm};$$

$$D = \frac{38{,}9 + 4{,}06}{2} \cdot 11{,}5 \cdot 200 = 49400 \text{ kg};$$

$$h_1 = \frac{1413960}{49400} = 28{,}6 \text{ cm und } \tau_0 = \frac{8550}{28 \,.\, 28{,}6} = 10{,}7 \text{ kg/qcm},$$

$$V_1 = \frac{8550 \,.\, 4{,}5}{10{,}7} = 3600 \text{ kg}.$$

Zur Aufnahme des über $\tau_{zul.}$ hinausgehenden Betrages der Schubspannung werden Bügel angeordnet.

Rechnungsmäßig sind Bügel erforderlich in

$$a = \frac{V - V_1}{q} = \frac{8550 - 3600}{2850} = 1{,}74 \text{ m},$$

oder $$a = \frac{\tau_0 - \tau_{zul.}}{\tau_0} \cdot \frac{l}{2} = \frac{10{,}7 - 4{,}5}{10{,}7} \cdot \frac{6{,}0}{2} = 1{,}74 \text{ m},$$

vom Auflager.

Wenn

F_e = Gesamtquerschnitt der Bügel für die Balkenlänge a,
i = Anzahl der Bügel für die Balkenlänge a,
f_e = Querschnitt einer Bügeleinlage,

$k_s = 800$ kg/qcm (zulässige Beanspruchung des Eisens auf Schub),
$e =$ Abstand der Bügel,

so ist
$$F_e = \frac{(\tau_0 - \tau_{zul.}) \cdot b_1 \cdot a}{800 \cdot 2}$$

oder
$$F_e = 6{,}3 \cdot (\tau_0 - \tau_{zul.}) \cdot b_1 \cdot a \qquad (b_1 \text{ und } a \text{ in m}),$$

$$i = \frac{F_e}{f_e} = \frac{6{,}3 \cdot (\tau_0 - \tau_{zul.}) \cdot b_1 \cdot a}{f_e},$$

und
$$e = \frac{f_e \cdot 800}{(\tau_0 - \tau_{zul.}) \cdot b_1}.$$

$F_e = 6{,}3 \cdot (10{,}7 - 4{,}5) \cdot 0{,}28 \cdot 1{,}74 = 19$ qcm und die Anzahl der Bügel, wenn für die Bügel Bandeisen $^{36}/_4$ mm mit $f_e = 2 \cdot 3{,}6 \cdot 0{,}4 = 2{,}88$ qcm verwendet wird (Fig. 25):

$$i = \frac{19}{2{,}88} \sim 7 \text{ Stück.}$$

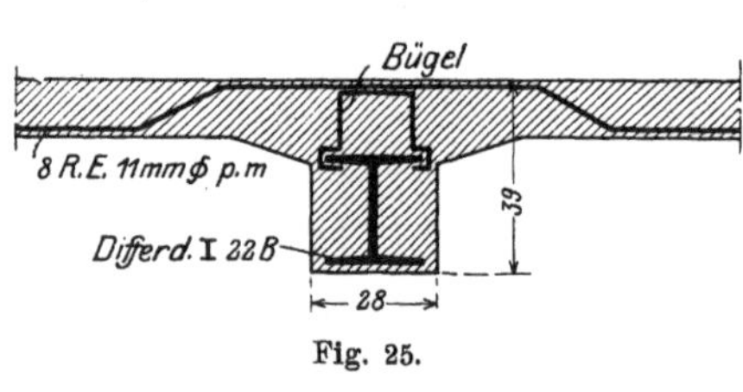

Fig. 25.

Es empfiehlt sich aber, Bügel über die ganze Balkenlänge anzuordnen.

Der Abstand der Bügel am Auflager:

$$e = \frac{2{,}88 \cdot 800}{(10{,}7 - 4{,}5) \cdot 28} = 13{,}3 \text{ cm};$$

nach der Balkenmitte sind die Bügel entsprechend der kleineren Schubkraft weiter auseinander anzuordnen.

Bei der Berechnung der Haftspannungen soll der untere Flansch des Profiles für die Haftfestigkeit als nicht wirksam angenommen werden.

$$\tau_1 = \frac{b_1 \cdot \tau_0}{U} = \frac{28 \cdot 10{,}7}{80} = 3{,}75 \text{ kg/qcm.}$$

9. Beispiel. Bei der Deckenplatte (Beispiel 1) soll gemäß § 15 Ziff. 3 der Bestimmungen vom 24. Mai 1907 nachgewiesen werden, daß das Auftreten von Rissen im Beton durch die vom Beton zu leistenden Zugspannungen vermieden wird.

Nach § 16 Ziff. 2 darf bei fehlendem Zugfestigkeitsnachweis die Zugspannung nicht mehr als ein Zehntel der Druckfestigkeit des Betons betragen.

Nach Gleichung (30) ist:

$$x = \frac{\frac{100.10^2}{2} + 15\,.\,7{,}85\,.\,8{,}5}{100\,.\,10 + 15\,.\,7{,}85} = 5{,}37 \text{ cm},$$

nach Gleichung (31):

$$\sigma_{bd} = \frac{48000\,.\,5{,}37}{\frac{100\,.\,5{,}37^3}{3} + \frac{100\,.\,(10 - 5{,}37)^3}{3} + 15\,.\,7{,}85\,(10 - 1{,}5 - 5{,}37)^2}$$

$$\sigma_{bd} = 26{,}5 \text{ kg/qcm},$$

nach Gleichung (33):

$$\sigma_e = \frac{10 - 1{,}5 - 5{,}37}{5{,}37} \cdot 15\,.\,26{,}5 = 232 \text{ kg/qcm},$$

und nach Gleichung (32):

$$\sigma_{bz} = \frac{10 - 5{,}37}{5{,}37} \cdot 26{,}5 = 23 \text{ kg/qcm}.$$

Die Druckfestigkeit des Betons nach 28 Tagen beträgt 240 kg/qcm; es sind demnach $\frac{240}{10} = 24$ kg/qcm für σ_{bz} zulässig.

Um die Schubspannung in Höhe der Nullinie zu finden, ist zunächst der Abstand z von Zug- und Druckmittelpunkt zu suchen.

$$z = \frac{M}{D}, \quad D = \frac{b\,.\,x}{2} \cdot \sigma_b = \frac{100\,.\,5{,}37}{2} \cdot 26{,}5 = 7115 \text{ kg},$$

also
$$z = \frac{48000}{7115} = 6{,}74 \text{ cm}.$$

$$V = \frac{2{,}53\,.\,600}{2} = 760 \text{ kg}, \quad \tau_0 = \frac{760}{6{,}74\,.\,100} = 1{,}13 \text{ kg/qcm}.$$

Die Schubkraft ist in Höhe der Eiseneinlagen bei Mitwirkung von Betonzug etwas kleiner.

Allgemein ist
$$\tau_0 = \frac{V\,.\,\mathfrak{S}}{J\,.\,b},$$

wo $\mathfrak{S}$ das statische Moment des oberhalb der untersuchten Schicht befindlichen Querschnittsteiles, J das Trägheitsmoment des ganzen Querschnitts ist. Also ist für die Schicht in Höhe der Eiseneinlagen:

$$\mathfrak{S} = 100 \cdot \left(\frac{4{,}63^2}{2} - \frac{3{,}13^2}{2}\right) + 15\,.\,7{,}85\,.\,3{,}13 = 955{,}5 \text{ cm}^3,$$

$$J = \frac{M\,.\,x}{\sigma_b} = \frac{48000\,.\,5{,}37}{26{,}5} = 9727 \text{ cm}^4;$$

demnach die Schubspannung in Höhe der Eiseneinlagen:

$$\tau_0' = \frac{760 \,.\, 955{,}5}{9727 \,.\, 100} = 0{,}75 \text{ kg/qcm}$$

und die Haftspannung:

$$\tau_1' = \frac{100 \,.\, 0{,}75}{10 \,.\, 1{,}0 \,.\, 3{,}14} = 2{,}39 \text{ kg/qcm.}$$

B. Eisensteindecken.

10. Beispiel. Für eine Wohnhausdecke sind die Deckenträger in 2,0 m Entfernung angeordnet:

$$l = 2{,}0 \text{ m}, \qquad h = 10 \text{ cm}, \qquad h - a = 8{,}5 \text{ cm.}$$

Das Eigengewicht der Decke für 1 qm.

Platte $0{,}1 \,.\, 1{,}0^2 \,.\, 1200$	= 120 kg,
dazu Fußboden und Putz	= 130 „
Nutzlast	= 250 „
	500 kg/qm,

$$M = \frac{500 \,.\, 2{,}0^2 \,.\, 100}{10} = 20\,000 \text{ cmkg für 1 m Breite.}$$

Verwendet werden 6 R.-E. von 0,8 cm Durchmesser mit $f_e = 3{,}01$ qcm, bei 15 cm breiten Steinen in jeder Fuge 1 R.-E.

Dann ist nach Gleichung (1):

$$x = \frac{25 \,.\, 3{,}01}{100} \cdot \left[\sqrt{1 + \frac{2 \,.\, 100 \,.\, (10 - 1{,}5)}{25 \,.\, 3{,}01}} - 1\right] = 2{,}9 \text{ cm;}$$

nach Gleichung (2):

$$\sigma_s = \frac{2 \,.\, 20000}{100 \,.\, 2{,}9 \,.\left(10 - 1{,}5 - \frac{2{,}9}{3}\right)} = 18{,}3 \text{ kg/qcm;}$$

nach Gleichung (3):

$$\sigma_e = \frac{20\,000}{3{,}01 \,.\left(10 - 1{,}5 - \frac{2{,}9}{3}\right)} = 883 \text{ kg/qcm.}$$

Die Druckspannung $\sigma_s = 18{,}3$ kg/qcm ist zulässig, wenn die zur Verwendung kommenden Steine eine Druckfestigkeit von mindestens $\frac{18{,}3 \,.\, 100}{15} \sim 124$ kg/qcm besitzen.

$$V = \frac{500 \,.\, 2{,}0}{2} = 500 \text{ kg.}$$

Die Schubspannung:

$$\tau_0 = \frac{V}{b_1\left(h - a - \frac{x}{3}\right)}$$

Die hier in Rechnung zu stellende Breite b_1 ermittelt sich bei den in der Fig. 26 bezüglich der Hohlräume gemachten Annahmen $b_1 = 100\ \text{cm} - 12 \cdot 4\ \text{cm} = 52\ \text{cm}$:

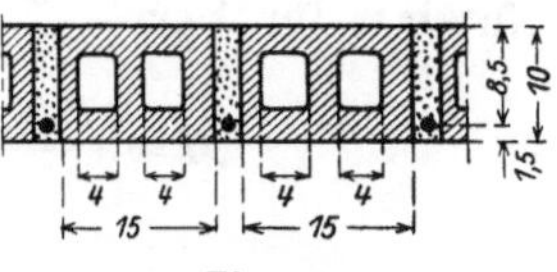

Fig. 26.

$$\tau_0 = \frac{500}{52 \cdot \left(10 - 1{,}5 - \frac{2{,}9}{3}\right)} = 1{,}28\ \text{kg/qcm.}$$

Die Haftspannung:

$$\tau_1 = \frac{b_1 \cdot \tau_0}{U} = \frac{52 \cdot 1{,}28}{6 \cdot 0{,}8 \cdot 3{,}14} = 4{,}43\ \text{kg/qcm.}$$

Die Eisen müssen an den Enden umgebogen werden. Die zulässigen Werte $\tau_0 = 2{,}5$ kg/qcm und $\tau_1 = 4{,}5$ kg/qcm werden nicht erreicht.

11. Beispiel. An Stelle der im Beispiel 8 für den Raum von 6,0 . 8,3 m Grundfläche berechneten Plattenbalkendecke soll eine Eisensteindecke zwischen I-Eisenträger, wie Fig. 27 zeigt, bemessen werden.

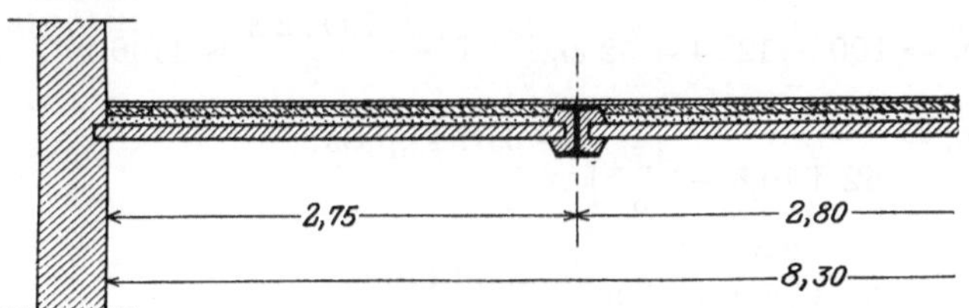

Fig. 27.

$$l = 2{,}8\ \text{m}; \quad h = 12\ \text{cm}; \quad h - a = 10{,}5\ \text{cm}.$$

Eigengewicht der Decke für 1 qm.

Linoleumbelag	. . . .	=	5 kg
Estrich	0,025 . 1,0² . 2000	=	50 „
Auffüllung zur Herabminderung der Hellhörigkeit	Schlackenbeton 0,04 . 1,0² . 1000	=	40 „
	Schlacken 0,04 . 1,0² . 750 . .	=	30 „
	zu übertragen:		125 kg

	Übertrag:	125 kg
Platte 0,12 . 1,0² . 1200	=	144 „
Putz	=	20 „
	=	289 ~ 290 kg
Nutzlast für 1 qm		500 „
		790 kg.

$$M = \frac{790 \cdot 2{,}8^2 \cdot 100}{10} \sim 62\,000 \text{ cmkg.}$$

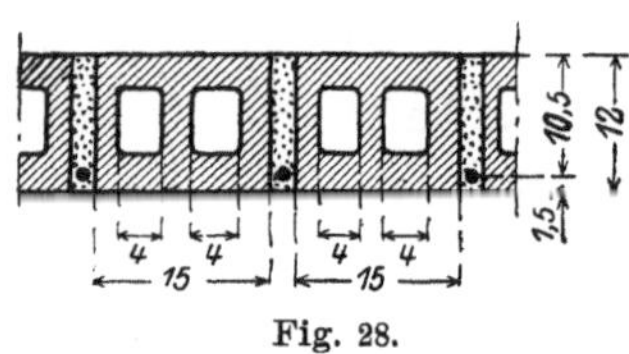

Fig. 28.

a) 15 cm breite Steine mit 6 Fugen auf 1 m Breite; Rundeiseneinlagen (Fig. 28).

Auf 1 m Breite 5 R.-E. von 1,2 cm Durchmesser und 1 R.-E. von 1,3 cm Durchmesser:

$f_e = 5{,}65 + 1{,}33 = 6{,}98$ qcm ist

$$x = \frac{25 \cdot 6{,}98}{100} \cdot \left[\sqrt{1 + \frac{2 \cdot 100 \cdot 10{,}5}{25 \cdot 6{,}98}} - 1\right] = 4{,}55 \text{ cm};$$

$$\sigma_s = \frac{2 \cdot 62\,000}{100 \cdot 4{,}55 \cdot \left(10{,}5 - \frac{4{,}55}{3}\right)} \sim 30 \text{ kg/qcm};$$

$$\sigma_e = \frac{62\,000}{6{,}98 \cdot \left(10{,}5 - \frac{4{,}55}{3}\right)} = 988 \text{ kg/qcm};$$

$$b_1 = 100 - 12 \cdot 4 = 52 \text{ cm}; \quad V = \frac{790 \cdot 2{,}8}{2} = 1106 \text{ kg};$$

$$\tau_0 = \frac{1106}{52 \cdot \left(10{,}5 - \frac{4{,}55}{3}\right)} = 2{,}37 \text{ kg/qcm};$$

$$\tau_1 = \frac{2{,}37 \cdot 52}{5 \cdot 3{,}77 + 1 \cdot 4{,}08} = 5{,}38 \text{ kg/qcm}.$$

Damit die Haftspannungen den zulässigen Wert von 4,5 kg/qcm nicht übersteigen, sind 6 R.-E. von 1,5 cm mit $f_e = 10{,}6$ qcm und $U = 28{,}26$ qcm für 1 cm Tiefe zu verwenden.

Es ergibt sich dann:

$$x = 5{,}25 \text{ cm}, \quad \sigma_s \sim 27 \text{ kg/qcm}, \quad \sigma_e = 668 \text{ kg/qcm};$$

$$\tau_0 = \frac{1106}{52 \cdot \left(10{,}5 - \frac{5{,}25}{3}\right)} = 2{,}43 \text{ kg/qcm};$$

$$\tau_1 = \frac{2{,}43 \cdot 52}{28{,}26} = 4{,}45 \text{ kg/qcm}.$$

b) 10 cm breite Steine mit 9 Fugen auf 1 m Breite; Rundeiseneinlagen (Fig. 29).

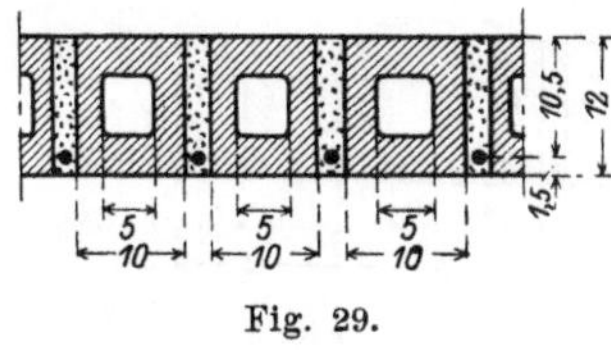

Fig. 29.

Auf 1 m Breite 9 R.-E. von 1,0 cm Durchmesser mit $f_e = 7{,}06$ qcm und $U = 28{,}26$ qcm:

$$x = \frac{7{,}06 \,.\, 25}{100} \cdot \left[\sqrt{1 + \frac{2 \,.\, 100 \,.\, 10{,}5}{7{,}06 \,.\, 25}} - 1\right] = 4{,}57 \text{ cm};$$

$$\sigma_s = \frac{2 \,.\, 62000}{100 \,.\, 4{,}57 \,.\left(10{,}5 - \frac{4{,}57}{3}\right)} \sim 30 \text{ kg/qcm};$$

$$\sigma_e = \frac{62000}{7{,}06 \,.\left(10{,}5 - \frac{4{,}57}{3}\right)} = 980 \text{ kg/qcm};$$

$$b_1 = 100 - 9 \,.\, 5 = 55 \text{ cm}, \quad \tau_0 = \frac{1106}{55 \,.\left(10{,}5 - \frac{4{,}57}{3}\right)} = 2{,}24 \text{ kg/qcm};$$

$$\tau_1 = \frac{2{,}24 \,.\, 55}{28{,}26} = 4{,}36 \text{ kg/qcm}.$$

c) 15 cm breite Steine, Quadrateiseneinlagen (Fig. 30).

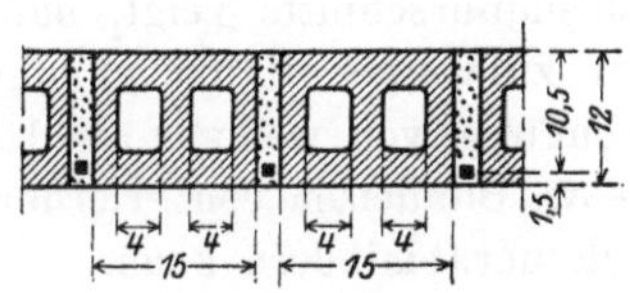

Fig. 30.

6 Quadrateisen 1,2 cm,
$f_e = 8{,}64$ qcm,
$U = 1{,}2 \,.\, 4 \,.\, 6 = 28{,}8$ qcm.

$$x = \frac{8{,}64 \,.\, 25}{100} \cdot \left[\sqrt{1 + \frac{2 \,.\, 100 \,.\, 10{,}5}{8{,}64 \,.\, 25}} - 1\right] = 4{,}94 \text{ cm};$$

$$\sigma_s = \frac{2 \,.\, 62000}{100 \,.\, 4{,}94 \,.\left(10{,}5 - \frac{4{,}94}{3}\right)} = 28{,}4 \text{ kg/qcm};$$

$$\sigma_e = \frac{62000}{8{,}64 \,.\left(10{,}5 - \frac{4{,}94}{3}\right)} = 810 \text{ kg/qcm};$$

$$\tau_0 = \frac{1106}{52 \,.\left(10{,}5 - \frac{4{,}94}{3}\right)} = 2{,}4 \text{ kg/qcm}, \quad \tau_1 = \frac{2{,}4 \,.\, 52}{28{,}8} = 4{,}3 \text{ kg/qcm}.$$

d) 15 cm breite Steine, Bandeiseneinlagen (Fig. 31).

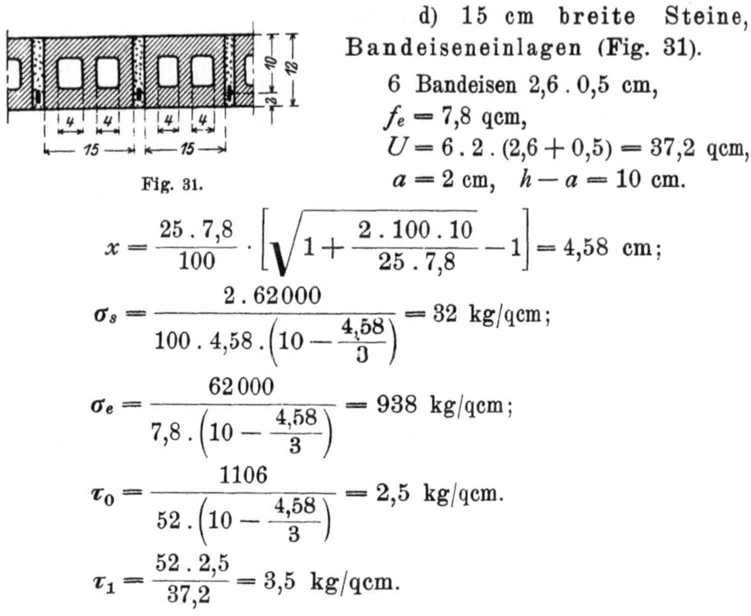

Fig. 31.

6 Bandeisen 2,6 . 0,5 cm,

$f_e = 7{,}8$ qcm,

$U = 6 \, . \, 2 \, . \, (2{,}6 + 0{,}5) = 37{,}2$ qcm,

$a = 2$ cm, $h - a = 10$ cm.

$$x = \frac{25 \, . \, 7{,}8}{100} \cdot \left[\sqrt{1 + \frac{2 \, . \, 100 \, . \, 10}{25 \, . \, 7{,}8}} - 1\right] = 4{,}58 \text{ cm};$$

$$\sigma_s = \frac{2 \, . \, 62000}{100 \, . \, 4{,}58 \, . \left(10 - \frac{4{,}58}{3}\right)} = 32 \text{ kg/qcm};$$

$$\sigma_e = \frac{62000}{7{,}8 \, . \left(10 - \frac{4{,}58}{3}\right)} = 938 \text{ kg/qcm};$$

$$\tau_0 = \frac{1106}{52 \, . \left(10 - \frac{4{,}58}{3}\right)} = 2{,}5 \text{ kg/qcm}.$$

$$\tau_1 = \frac{52 \, . \, 2{,}5}{37{,}2} = 3{,}5 \text{ kg/qcm}.$$

Ein Vergleich der für diese Decke unter a—d ermittelten Eisenquerschnitte zeigt, daß man, um der Bedingung hinsichtlich der zulässigen Haftspannungen (4,5 kg/qcm) zu genügen, bei Verwendung von weniger als 15 cm breiten Steinen sowie von Quadratbezw. Bandeisen den erforderlichen Eisenquerschnitt nicht unwesentlich herabmindern kann.

e) Haben die zur Verwendung bestimmten Steine eine Druckfestigkeit von 234 kg/qcm, so beträgt der größte zulässige Wert:

$$\sigma_s = \frac{234 \, . \, 15}{100} \sim 35 \text{ kg/qcm}.$$

Nach Zahlentafel C ergibt sich dann bei voller Ausnutzung der Materialien auf Druck und Zug:

$$x = 0{,}178 \cdot \sqrt{\frac{M}{b}} = 0{,}178 \cdot \sqrt{\frac{62\,000}{100}} = 4{,}43 \text{ cm};$$

$$h - a = 0{,}381 \cdot \sqrt{\frac{M}{b}} = 0{,}381 \cdot \sqrt{\frac{62\,000}{100}} = 9{,}5 \text{ cm};$$

$$f_e = 0{,}00311 \, . \, \sqrt{M \, . \, b} = 0{,}00311 \, . \, \sqrt{62\,000 \, . \, 100} = 7{,}7 \text{ qcm}.$$

Berechnung der Deckenträger siehe IV C.

12. Beispiel. Für eine Deckenplatte, welche ein Biegungsmoment auf 1 m Breite von 90 000 cmkg aufnehmen soll, sind nur 10 cm starke Steine vorhanden; $\sigma_s = 35$ kg/qcm, $\sigma_e = 1000$ kg/qcm.

Nach Zahlentafel C ist für:

$$\sigma_s = 35 \text{ kg/qcm und } \sigma_e = 1000 \text{ kg/qcm};$$

$$x = 0{,}178 \cdot \sqrt{\frac{M}{b}} = 0{,}178 \cdot \sqrt{\frac{90\,000}{100}} = 5{,}34 \text{ cm};$$

$$h - a = 0{,}381 \cdot \sqrt{\frac{90\,000}{100}} = 11{,}43 \text{ cm}; \; h = 13 \text{ cm}.$$

Damit diese erforderliche Deckenstärke $h = 13$ cm erreicht wird, ist auf die 10 cm starke Deckenplatte eine **3 cm** starke Betonschicht aufzubringen. (Fig. 32.)

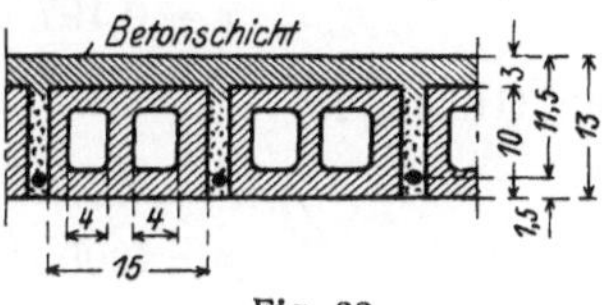

Fig. 32.

$$f_e = 0{,}003\,11 \cdot \sqrt{90\,000 \,.\, 100} = 9{,}33 \text{ qcm}.$$

13. Beispiel. Die Deckenplatte Beispiel 11 soll bei einem Biegungsmoment auf 1 m Breite von 62 000 cmkg nur eine nutzbare Stärke $h - a = 8{,}5$ cm, $h = 10$ cm erhalten, die zulässige Druckbeanspruchung betrage 35 kg/qcm. Es sind in diesem Falle die unter **A a 3** angegebenen Gleichungen anzuwenden, da bei voller Ausnutzung beider Materialien $h - a = 9{,}5$ cm mit $f_e = 7{,}74$ qcm erforderlich ist.

Die Lage der Nullinie berechnet sich nach Gleichung (7):

$$x^2 - 3 \,.\, (h - a) \,.\, x + \frac{6 \,.\, M}{\sigma_s \,.\, b} = 0,$$

$$x^2 - 3 \,.\, 8{,}5 \,.\, x + \frac{6 \,.\, 62\,000}{35 \,.\, 100} = 0;$$

hieraus $x = 5{,}25$ cm. Nach Gleichung (8):

$$f_e = \frac{b \,.\, x^2}{2 \,.\, n \,.\, (h - a - x)} = \frac{100 \,.\, 5{,}25^2}{2 \,.\, 25 \,.\, (8{,}5 - 5{,}25)} = 16{,}9 \text{ qcm},$$

und nach Gleichung (9):

$$\sigma_e = \frac{n \,.\, \sigma_s \,.\, (h - a - x)}{x} = \frac{25 \,.\, 35 \,.\, (8{,}5 - 5{,}25)}{5{,}25} \sim 542 \text{ kg/qcm}.$$

Die nur um $9{,}5 - 8{,}5 = \mathbf{1}$ cm geringere Plattenstärke erfordert also gegenüber einer Platte, welche so bemessen wird, daß Stein und Eisen voll ausgenutzt werden, auf 1 m Breite 16,9 — 7,74 = 9,16 qcm Eisenquerschnitt mehr.

14. Beispiel. Werden 15 cm starke Steine mit einer nutzbaren Plattenstärke $h - a = 13{,}5$ cm verwendet, so sind die unter **A a 4** angegebenen Gleichungen zu verwenden. Das vorhandene $h - a$ ist um 13,5 — 9,5 = 4 cm größer, als bei voller Ausnutzung von Stein und Eisen notwendig wäre. $\sigma_e = 1000$ kg/qcm.

Die Lage der Nullinie genügend genau:

$$x = 0{,}197 \cdot \sqrt{\frac{62000}{100}} = 4{,}9 \text{ cm},$$

nach Gleichung (11):

$$f_e = \frac{62000}{1000 \,.\, \left(13{,}5 - \frac{4{,}9}{3}\right)} = 5{,}2 \text{ qcm},$$

und nach Gleichung (2):

$$\sigma_s = \frac{2 \,.\, 62000}{100 \,.\, 4{,}9 \,.\, \left(13{,}5 - \frac{4{,}9}{3}\right)} = 21{,}3 \text{ kg/qcm}.$$

Die genaue Berechnung von x aus Gleichung (10) ergibt $x = 4{,}77$ cm; hierfür ist: $f_e = \dfrac{62000}{1000 \,.\, \left(13{,}5 - \frac{4{,}77}{3}\right)} = 5{,}2$ qcm,

$$\sigma_s = \frac{2 \,.\, 62000}{100 \,.\, 4{,}77 \,.\, \left(13{,}5 - \frac{4{,}77}{3}\right)} = 21{,}8 \text{ kg/qcm}.$$

Die angenäherte Berechnung liefert also Werte von hinreichender Genauigkeit.

Trotz der um 4 cm größeren nutzbaren Plattenstärke ist der Eisenquerschnitt auf 1 m Breite nur um 7,74 — 5,2 = 2,54 qcm kleiner als bei der auf Grund der größten zulässigen Beanspruchungen für Stein und Eisen ermittelten Platte.

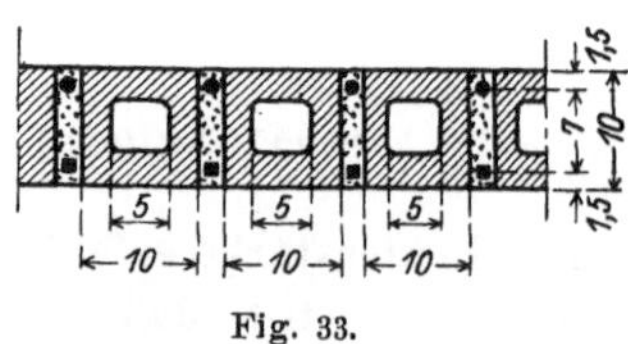

Fig. 33.

15. Beispiel. Erhält die Deckenplatte (Beispiel 13) doppelte Eiseneinlagen bei Verwendung von 10 cm breiten Steinen mit 9 Fugen auf 1 m Breite (Fig. 33), so ergibt sich folgendes:

untere Eiseneinlagen . . . . 9 □ 1,1 cm, f_e = 10,89 qcm,
obere „ 9 R.-E. von 0,7 cm Durchm., f_e' = 3,46 „
14,35 qcm,

$$h = 10 \text{ cm}, \; h - a = 8{,}5 \text{ cm}, \; f_e + f_e' = 14{,}35 \text{ qcm},$$
$$h - 2 . a = 7 \text{ cm}, \; M = 62000 \text{ cmkg}.$$

Die Lage der Nullinie berechnet sich nach Gleichung (19):

$$x = -\frac{25 . 14{,}35}{100} + \sqrt{\left(\frac{25 . 14{,}35}{100}\right)^2 + \frac{2 . 25}{100} . (3{,}46 . 1{,}5 + 10{,}89 . 8{,}5)},$$

$$x = 4{,}27 \text{ cm}, \quad h - a - \frac{x}{3} = 10 - 1{,}5 - \frac{4{,}27}{3} = 7{,}08 \text{ cm}.$$

Nach Gleichung (20):

$$\sigma_s = \frac{62000}{\frac{100 . 4{,}27}{2} \cdot 7{,}08 + 25 . 3{,}46 \cdot \frac{4{,}27 - 1{,}5}{4{,}27} \cdot 7} = 32{,}6 \text{ kg/qcm};$$

nach Gleichung (21):

$$\sigma_e = 25 . 32{,}6 \cdot \frac{(8{,}5 - 4{,}27)}{4{,}27} = 807 \text{ kg/qcm},$$

und nach Gleichung (22):

$$\sigma_e' = 25 . 32{,}6 \cdot \frac{(4{,}27 - 1{,}5)}{4{,}27} = 529 \text{ kg/qcm}.$$

$V = 1106$ kg.

Zur Berechnung der Schubspannung ist der Abstand y der Mittelkraft D aus D_s und D_e (Fig. 9) von der Nullinie zu er mitteln:

$$y = \frac{\frac{b . x^3}{3} + n . f_e' . (x - a)^2}{\frac{b . x^2}{2} + n . f_e' . (x - a)};$$

$$y = \frac{\frac{100 . 4{,}27^3}{3} + 25 . 3{,}46 . (4{,}27 - 1{,}5)^2}{\frac{100 . 4{,}27^2}{2} + 25 . 3{,}46 . (4{,}27 - 1{,}5)} = 2{,}83 \text{ cm},$$

die Schubspannung, wenn $b_1 = 55$ cm;

$$\tau_0 = \frac{V}{b_1 . (h - a - x + y)} = \frac{1106}{55 . (8{,}5 - 4{,}27 + 2{,}83)};$$

$\tau_0 = 2{,}85$ kg/qcm.

Die Druckfestigkeit der Steine beträgt 280 kg/qcm. Die zulässige Schubspannung $\tau_0 = \frac{280 . 2,5}{225} = 3,1$ kg/qcm. Die Haftspannung an den unteren Eisen:

$$\tau_1 = \frac{55 . 2,85}{9 . 1,1 . 4} = 3,96 \text{ kg/qcm.}$$

An den oberen Eiseneinlagen wird, da das statische Moment des oberhalb der untersuchten Schicht befindlichen Querschnittsteiles

$$\mathfrak{S} = b \cdot \frac{x^2 - (x - a)^2}{2} = 100 \cdot \frac{4,27^2 - 2,77^2}{2} = 528 \text{ cm}^3$$

und das Trägheitsmoment des ganzen Querschnittes ohne Rücksicht auf die Hohlräume.

$$J = \frac{M . x}{\sigma_s} = \frac{62000 . 4,27}{32,6} = 8121 \text{ cm}^4 \text{ beträgt;}$$

die Schubspannung:

$$\tau_0' = \frac{V . \mathfrak{S}}{b . J} = \frac{1106 . 528}{8121 . 100} = 0,72 \text{ kg/qcm;}$$

die Haftspannung:

$$\tau_1' = \frac{100 . 0,72}{9 . 0,7 . 3,14} = 3,64 \text{ kg/qcm.}$$

Bei Anordnung von doppelten Eiseneinlagen ist also ein geringerer Eisenquerschnitt erforderlich, als nach A a 3, Beispiel 13, ermittelt worden ist.

16. Beispiel. Für den Raum 4,0 . 5,0 m im Lichten, Beispiel 7, soll zum Vergleich eine Eisensteindecke dimensioniert werden.

Eigengewicht der Decke einschließlich Fußboden und Putz	365 kg/qm,
Nutzlast wie Beispiel 7	250 „
	615 kg/qm.

Das Angriffsmoment, bezogen auf die kürzere Traglänge:

$$M = \frac{615 . (4,0 + 0,15)^2 . 100}{12} = 88\,270 \text{ cmkg.}$$

Nach Zahlentafel C ist für $\sigma_s = 35$ kg/qcm und $\sigma_e = 1000$ kg/qcm:

$$x = 0,178 \cdot \sqrt{\frac{88\,270}{100}} = 5,29 \text{ cm}, \quad h - a = 0,381 \cdot \sqrt{\frac{88\,270}{100}} = 11,32 \text{ cm},$$

$$h = 15 \text{ cm};$$

$$f_e = 0,00311 \cdot \sqrt{88270 . 100} = 9,24 \text{ qcm.}$$

Für die kurze Traglänge genügen 6 R.-E. von 1,4 cm Durchmesser mit $f_e = 9{,}24$ qcm, für die längere Traglänge 4 R.-E. von 1,6 cm Durchmesser mit $f_e = 8{,}04$ qcm.

17. Beispiel. Eine Decke von 1,5 m Stützweite soll biegungsfeste Eiseneinlagen erhalten, und zwar sollen die Eisen so angeordnet werden, daß eine Schalung für die Decke nicht erforderlich ist (Fig. 34).

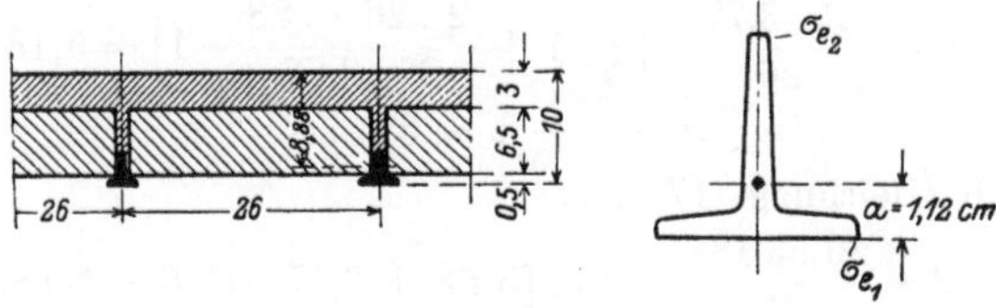

Fig. 34.

Eigengewicht der Ziegelflachschicht mit Betonauffüllung und Putz	200 kg/qm.
Nutzlast	400 „
	600 kg/qm.

Entfernung der Einlagen ⊥ $^{40}/_{40} . 5 = 26$ cm.

Die Konstruktion wirkt nur für die Nutzlast als Eisensteinplatte, die ⊥-Eisen haben das ganze Eigengewicht zu tragen.

a) Durch Eigengewicht.

Für 1 ⊥-Eisen ist:

$$M_E = \frac{0{,}26 \,.\, 1{,}5^2 \,.\, 200 \,.\, 100}{8} = 1463 \text{ cmkg.}$$

Die Widerstandsmomente der ⊥-Eisen:

$$W_1 = \frac{J}{e_1} = \frac{5{,}28}{1{,}12} = 4{,}71 \text{ cm}^3;$$

$$W_2 = \frac{J}{e_2} = \frac{5{,}28}{2{,}88} = 1{,}84 \text{ cm}^3.$$

Die Spannungen:

$$\sigma_{e_1} = \frac{1463}{4{,}71} = 310 \text{ kg/qcm};$$

$$\sigma_{e_2} = \frac{1463}{1{,}84} = 800 \text{ kg/qcm}.$$

b) Durch Nutzlast.

Für einen Deckenstreifen von 26 cm beträgt die Nutzlast 0,26 . 1,0 . 400 = 104 kg/m.

$$M = \frac{104 \cdot (1{,}50 + 0{,}10)^2 \cdot 100}{8} = 3328 \text{ cmkg};$$

$f_e = 3{,}77$ qcm, $h = 10$ cm, $h - a = 10{,}0 - 1{,}12 = 8{,}88$ cm.

Nach Gleichung (1) ist:

$$x = \frac{25 \cdot 3{,}77}{26} \cdot \left[\sqrt{1 + \frac{2 \cdot 26 \cdot 8{,}88}{25 \cdot 3{,}77}} - 1\right] = 5{,}18 \text{ cm},$$

$$h - a - x = 3{,}7 \text{ cm}.$$

Nach Gleichung (17) ist:

$$J = \frac{26 \cdot 5{,}18^3}{3} + 25 \cdot [5{,}28 + 3{,}77 \cdot (8{,}88 - 5{,}18)^2];$$

$$J = 2630 \text{ cm}^4;$$

nach Gleichung (15):

$$\sigma_s = \frac{M \cdot x}{J} = \frac{3328 \cdot 5{,}18}{2630} = 6{,}56 \text{ kg/qcm},$$

und nach Gleichung (16):

$$\sigma_{e_1} = \frac{M \cdot n \cdot (h - x)}{J} = \frac{3328 \cdot 25 \cdot (10 - 5{,}18)}{2630};$$

$$\sigma_{e_1} = 152 \text{ kg/qcm}.$$

Die größten Beanspruchungen im Eisen:

$$\sigma_{1\,max} = 310 + 152 = 462 \text{ kg/qcm}.$$

$$\sigma_{2\,max} = 800 \text{ kg/qcm}.$$

Ziegelsteindecke **ohne** Eiseneinlagen.

Die Berechnung einer ebenen Ziegelsteindecke ohne Eiseneinlagen kann genügend genau nach der Gleichung:

$$M = \frac{b \cdot h^2}{6} \cdot \sigma_z$$

erfolgen.

Die Hohlräume der Steine brauchen bei der Berechnung nicht berücksichtigt zu werden, da sie der Plattenmitte nahe liegen und ihr Abzug das Widerstandsmoment nur wenig verkleinern würde.

18. Beispiel. Eine Wohnhausdecke von 0,9 m Stützweite und einer Gesamtbelastung von 500 kg/qm erfährt auf 1 m Breite ein Biegungsmoment $M = \frac{500 \cdot 0{,}9^2 \cdot 100}{10} = 4050$ cmkg.

Deckenstärke 10 cm.

Die Zugspannung:

$$\sigma_z = \frac{6 \cdot M}{b \cdot h^2} = \frac{6 \cdot 4050}{100 \cdot 10^2} = 2{,}43 \text{ kg/qcm},$$

welche bei Verwendung von Zementmörtel, Mischung 1 : 3, für die Fugen mit genügender Sicherheit zugelassen werden kann.

Es wird sich aber in den meisten Fällen empfehlen, die Tragfähigkeit solcher Decken ohne Eiseneinlagen durch Probebelastungen festzustellen (vergl. Abschnitt I).

19. Beispiel. Für den Raum von 6 . 8,3 m Grundfläche soll an Stelle einer Eisenbetondecke (Beispiel 8) bezw. einer Hohlsteindecke mit Verwendung von eisernen Trägern (Beispiel 11) eine Eisensteinbetondecke dimensioniert werden (Fig. 35).

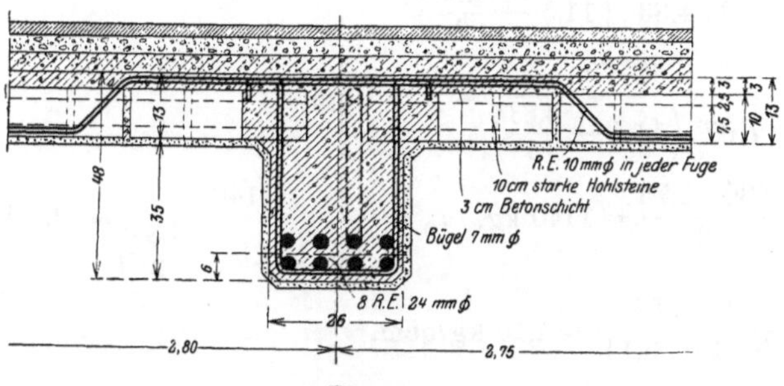

Fig. 35.

Diese Decken sind weniger schalldurchlässig, an der Unterfläche leichter zu putzen wie die reinen Eisenbetondecken und können ohne Verwendung von eisernen Trägern ausgeführt werden.

Anordnung der Rippen wie bei Beispiel 8.

Belastung der Platte für 1 qm.

Eigengewicht:

Fußboden und Auffüllung	125 kg,
10 cm starke Eisensteinplatte	120 „
Betonschicht 0,03 . 1,0². 2200	66 „
Putz	20 „
	331 kg,
Nutzlast	500 „
	∼ 830 kg/qm.

Größte Stützweite (Endfeld) $2,62 + 0,13 = 2,75$ m.

$$M = \frac{830 \,.\, 2,75^2 \,.\, 100}{10} = 62770 \text{ cmkg}.$$

Verwendet werden bei 10 cm breiten Steinen 9 R.-E. von 1,0 cm Durchmesser mit $f_e = 7,07$ qcm auf 1 m Breite.

Steinstärke 10 cm, Betonschicht 3 cm, $h = 13$ cm, $h - a = 11,5$ cm, $b_1 = 55$ cm.

(Fällt die Nullinie in die Betonschicht, so ist die Platte mit $n = 15$ zu rechnen.)

$$x = \frac{25 \,.\, 7,07}{100}\left[\sqrt{1 + \frac{2 \,.\, 100 \,.\, 11,5}{25 \,.\, 7,07}} - 1\right] = 4,83 \text{ cm};$$

$$\sigma_s = \frac{2 \,.\, 62770}{100 \,.\, 4,83 \,.\left(11,5 - \frac{4,83}{3}\right)} = 26,3 \text{ kg/qcm};$$

$$\sigma_e = \frac{62770}{7,07 \,.\left(11,5 - \frac{4,83}{3}\right)} = 900 \text{ kg/qcm};$$

$$V = \frac{830 \,.\, 2,75}{2} = 1140 \text{ kg}, \quad \tau_0 = \frac{1140}{55 \,.\left(11,5 - \frac{4,83}{3}\right)} = 2,1 \text{ kg/qcm};$$

$$\tau_1 = \frac{2,1 \,.\, 55}{9 \,.\, 1,0 \,.\, 3,14} \sim 4,10 \text{ kg/qcm}.$$

Der Balken wird als Plattenbalken berechnet und wird als Druckgurt die Betonschicht und der obere Steg der Hohlsteine eingeführt.

Stützweite des Plattenbalkens 6,3 m; $b = \frac{600}{3} = 200$ cm; $d = 3,0 + 2,5 = 5,5$ cm, $b_1 = 26$ cm, $h = 48$ cm, $h - a = 42$ cm. Belastung für 1 lfd. m Balken.

Eigengewicht der Platte mit Nutzlast	$2,8 \,.\, 1,0 \,.\, 830$	= 2324 kg,
„ des Balkens	$0,35 \,.\, 0,26 \,.\, 1,0 \,.\, 2400$ . .	= 220 „
		2544 kg.
		∼ 2550 „

$$M = \frac{2550 \,.\, 6,3^2 \,.\, 100}{8} = 1265120 \text{ cmkg}.$$

Verwendet werden 8 R.-E. von 2,4 cm Durchmesser mit $f_e = 36,19$ qcm.

Nach den Gleichungen (23) bis (26) berechnet sich:

$$x = \frac{\frac{200 \cdot 5{,}5^2}{2} + 15 \cdot 36{,}19 \cdot 42}{200 \cdot 5{,}5 + 15 \cdot 36{,}19} = 15{,}72 \text{ cm};$$

$$y = 15{,}72 - \frac{5{,}5}{2} + \frac{5{,}5^2}{6 \cdot (2 \cdot 15{,}72 - 5{,}5)} = 13{,}16 \text{ cm};$$

$$\sigma_e = \frac{1265120}{36{,}19 \cdot (42 - 15{,}72 + 13{,}16)} = 886 \text{ kg/qcm}$$

und $$\sigma_s = \frac{15{,}72}{15 \cdot (42 - 15{,}72)} \cdot 886 \sim 35 \text{ kg/qcm}.$$

$$V = \frac{2550 \cdot 6{,}0}{2} = 7650 \text{ kg};$$

$$\tau_0 = \frac{7650}{26 \cdot (42 - 15{,}72 + 13{,}16)} = 7{,}46 \text{ kg/qcm};$$

$$V_1 = \frac{7650 \cdot 4{,}5}{7{,}46} = 4610 \text{ kg}; \quad a = \frac{7650 - 4610}{2550} = 1{,}19 \text{ m}.$$

Von den untenliegenden Rundeisen wird 1 Eisen hochgebogen, $f_e = 4{,}52$ qcm.

$$Z = \frac{119}{\sqrt{2}} \cdot (7{,}46 - 4{,}5) \cdot \frac{1}{2} \cdot 26 = 3230 \text{ kg},$$

$$\sigma_e = \frac{3230}{4{,}52} = 715 \text{ kg/qcm}.$$

Die Haftspannung an den unten liegenbleibenden 7 R.-E.:

$$\tau_1 = \frac{26 \cdot 7{,}46}{7 \cdot 2{,}4 \cdot 3{,}14} = 3{,}66 \text{ kg/qcm}.$$

Außer den hochgebogenen Eisen werden noch Bügel über die ganze Balkenlänge verteilt angeordnet. Die Bügel werden in der oberen Betonschicht gut verankert und die Trageisen der Platten über den Balken hochgebogen (Fig. 35).

C. Berechnung der Walzträger für Decken nach den neuen ministeriellen Bestimmungen vom 31. Januar 1910.

Nach diesen Bestimmungen ist für Flußeisen in Trägern zur Unterstützung von Decken und Treppen eine Beanspruchung von **1200** kg/qcm zulässig. Hierbei ist aber zu berücksichtigen, daß als

Stützweite der Träger die Entfernung zwischen den Auflagermitten anzunehmen ist. Für die Eisensteindecke, Beispiel 11, berechnen sich die erforderlichen Walzträger wie folgt:

Lichtweite des Raumes .	6,0	m
Stützweite 6,0 + 0,25 =	6,25	„
Trägerentfernung . . .	2,80	„

Belastung für 1 qm:

Eigengewicht der Decke	290 kg
Eigengewicht des Trägers	25 „
Nutzlast	500 „
	815 kg/qm

Zur Vereinfachung der Rechnung kann in diesem Falle auch nach $M = \frac{Q \cdot l}{8}$ gerechnet und Q über die Stützweite gleichmäßig verteilt angenommen werden. Die Resultate sind von denjenigen der genauen Rechnung wenig verschieden; ergeben sich etwas größer.

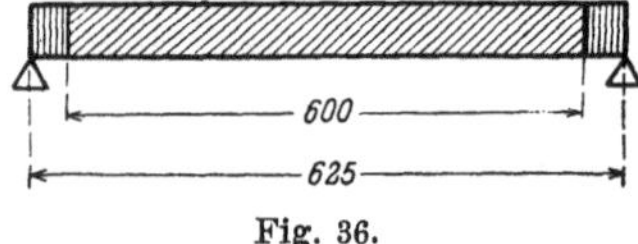

Fig. 36.

$$Q = 6{,}25 \,.\, 2{,}8 \,.\, 815 = 14260 \text{ kg};$$

$$M = \frac{14260 \,.\, 625}{8} = 1114060 \text{ cmkg}, \quad W = \frac{1114060}{1200} = 928 \text{ cm}^3,$$

erforderlich I-Normalprofil 34 mit $W_x = 922$ cm³, $J_x = 15670$ cm⁴;

$$\sigma = \frac{1114060}{922} = 1207 \text{ kg/qcm}.$$

Die größte Durchbiegung in der Trägermitte durch das Biegungsmoment; die Durchbiegung durch die Schubkraft kann bei den hier in Frage stehenden Trägern wohl vernachlässigt werden; sie berechnet sich nach der meist benutzten Formel für den vorliegenden Belastungsfall:

$$f = \frac{5}{384} \cdot \frac{Q}{E} \cdot \frac{l^3}{J} = \frac{5}{24} \cdot \frac{\sigma}{E} \cdot \frac{l^2}{h} = \frac{5}{24} \cdot \frac{1207 \,.\, 625^2}{2150000 \,.\, 34} = 1{,}34 \text{ cm}.$$

Durch die Fachausfüllung werden die Träger in ihrer Tragwirkung wesentlich unterstützt, und beträgt die tatsächliche Durchbiegung nur einen Teil der rechnerisch ermittelten Durchbiegung.

Mit Rücksicht auf die Durchbiegung, wenn als obere Grenze der Durchbiegung des Trägers $f \leqq \frac{1}{400} \cdot l$ festgesetzt ist, muß sein:

$$J = 24{,}1 \,.\, Q \,.\, l^2 = 24{,}1 \,.\, 14{,}26 \,.\, 6{,}25^2 = 13423 \text{ cm}^4.$$

Das I-Normalprofil 34 mit $J_x = 15670$ cm⁴ genügt.

$f \leqq \frac{1}{400} \cdot l$ dürfte als obere Grenze der Durchbiegung der Träger in den weitaus meisten Fällen unbedenklich zugelassen werden können. Damit die ungünstigen Kantenbelastungen des Mauerwerkes infolge der Trägerdurchbiegung vermieden werden, wird bei schwerer belasteten Trägern die Auflagerung zweckmäßig nach Fig. 37 ausgebildet.

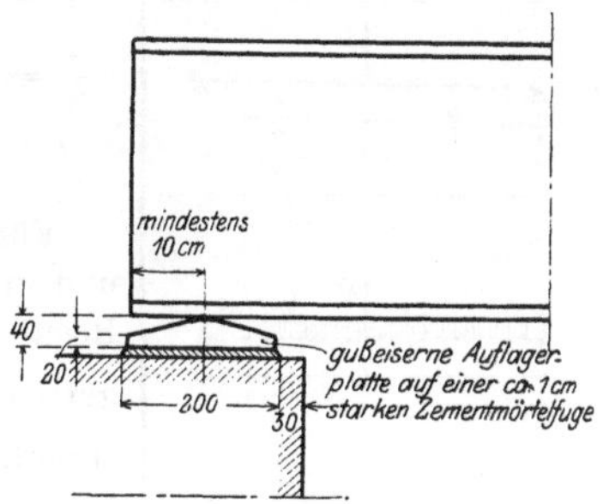

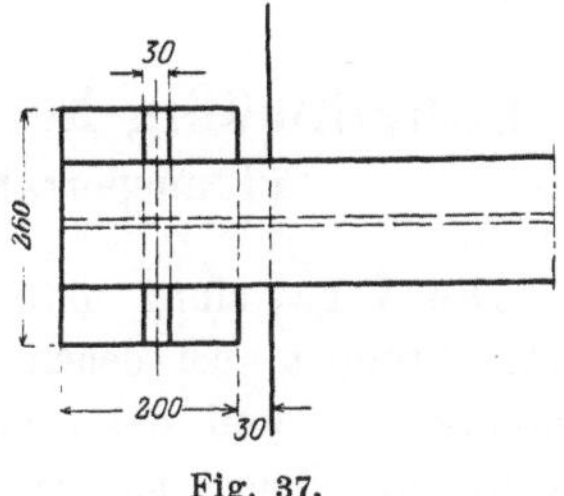

Fig. 37.

Auflagerplatte.

Auflagerdruck:

$$A = \frac{14\,260}{2} = 7130 \text{ kg.}$$

Druckfläche:

$$20 \,.\, 26 = 520 \text{ qcm.}$$

Pressung des Mauerwerkes:

$$s = \frac{7130}{520} = 13{,}7 \text{ kg/qcm.}$$

Stärke in der Plattenmitte:

$$\delta = 0{,}055 \cdot \sqrt{A \cdot \frac{b}{l}} = 0{,}055 \cdot \sqrt{7130 \cdot \frac{20}{26}} \sim 4 \text{ cm.}$$

Stärke am Plattenrande:

$$\frac{\delta}{2} = \frac{4}{2} = 2 \text{ cm.}$$

In der folgenden Zahlentafel sind für die meist vorkommenden Belastungsfälle die Werte für $\frac{l}{h}$ bei $\sigma = 1200$ kg/qcm und die J-Werte angeführt.

Zahlentafel.

Belastungsfall	Größte Durchbiegung	$f = \frac{1}{600} \cdot l$	$f = \frac{1}{500} \cdot l$	$f = \frac{1}{400} \cdot l$
1 (Q, l)	$\frac{l}{h} =$	14,3	17,2	21,5
	$J =$	$36{,}3 \cdot Q \cdot l^2$	$30{,}3 \cdot Q \cdot l^2$	$24{,}1 \cdot Q \cdot l^2$
2 (P, $\frac{l}{2}$, $\frac{l}{2}$, l)	$\frac{l}{h} =$	17,9	21,5	26,9
	$J =$	$58{,}1 \cdot P \cdot l^2$	$48{,}4 \cdot P \cdot l^2$	$38{,}7 \cdot P \cdot l^2$
3 (P, Q, l)	Für Träger mit gleichmäßiger Belastung und einer Einzellast dürften genügend genaue Resultate erzielt werden, wenn nach Fall 2 gerechnet und die Last gleich $(P + \frac{5}{8} \cdot Q)$ eingeführt wird.			

V. Fabrikmäßig hergestellte Eisenbetonstufen.

(Transportable Kunststeinstufen.)

Die Verwendung natürlicher Steine zu Stufen und Podesten ist für Treppen, bei denen es auf Feuersicherheit ankommt, nicht zu empfehlen, weil die meisten natürlichen Steine unter der Ein wirkung des Feuers und Spritzenwassers leicht zerstört werden.

Stufen aus Eisenbeton bieten wegen der leichten Formgebung des Betons und seiner hohen Feuersicherheit wesentliche Vorteile und haben gegenüber Stufen aus natürlichen Steinen auch noch den Vorzug der Billigkeit. Die Feuersicherheit des Betons wird erhöht, wenn der zur Verwendung kommende Kies möglichst wenig Kalksteine enthält. Die Auftrittflächen der Eisenbetonstufen sind durch einen geeigneten Belag — Holz, Linoleum oder dergl. — gegen Abnutzung zu schützen. Die Vorderkanten werden zweckmäßig mit Schutzschienen versehen.

Erforderlichenfalls müssen die zur Unterstützung der Stufen und Podeste zur Verwendung kommenden eisernen Träger glutsicher ummantelt werden.

1. Beidseitig aufliegende Stufen.

20. Beispiel. Die Stufen einer Massivtreppe mit einem Steigungsverhältnis 16/31 cm haben eine Freilage von 2,3 m, Stützweite 2,3 + 0,15 = 2,45 m.

Als Eiseneinlage werden 3 R.-E. von 0,8 cm Durchmesser mit $f_e = 1{,}51$ qcm verwendet; $h - a = 16{,}5$ cm, $b = 31$ cm.

Nach den Bestimmungen vom 31. Januar 1910 ist die Treppennutzlast mit 500 kg/qm anzunehmen.

Belastung für 1 lfd. m:

Eigengewicht	120 kg
Nutzlast 0,31 . 1,0 . 500	155 „
	275 kg/m.

$$M = \frac{275 \cdot 2{,}45^2 \cdot 100}{8} = 20\,625 \text{ cmkg};$$

$$x = \frac{15 \cdot 1{,}51}{31} \cdot \left[\sqrt{1 + \frac{2 \cdot 31 \cdot 16{,}5}{15 \cdot 1{,}51}} - 1\right] = 4{,}23 \text{ cm};$$

$$\sigma_b = \frac{2 \cdot 20\,625}{31 \cdot 4{,}23 \cdot \left(16{,}5 - \frac{4{,}23}{3}\right)} = 20{,}7 \text{ kg/qcm};$$

$$\sigma_e = \frac{20\,625}{1{,}51 \cdot \left(16{,}5 - \frac{4{,}23}{3}\right)} = 900 \text{ kg/qcm};$$

$$V = \frac{275 \cdot 2{,}45}{2} = 337 \text{ kg}.$$

Die Schubspannung in der neutralen Schicht:

$$\tau_0 = \frac{337}{31 \cdot \left(16{,}5 - \frac{4{,}23}{3}\right)} = 0{,}72 \text{ kg/qcm},$$

die Haftspannung:

$$\tau_1 = \frac{31 \cdot 0{,}72}{3 \cdot 3{,}14 \cdot 0{,}8} = 3{,}0 \text{ kg/qcm}.$$

Die Fig. 38 zeigt die Anordnung der Eisen im Stufenquerschnitt. Damit die richtige Lage der Eisen besser gesichert ist, empfiehlt es sich, die 3 R.-E. vor dem Einlegen durch Draht genügend fest untereinander zu verbinden.

Werden die Stufen eingemauert, so ist, um der eventuell vorhandenen teilweisen Einspannung Rechnung zu tragen, eines der unteren Eisen nach oben zu biegen oder oben ein besonderes Eisen einzulegen.

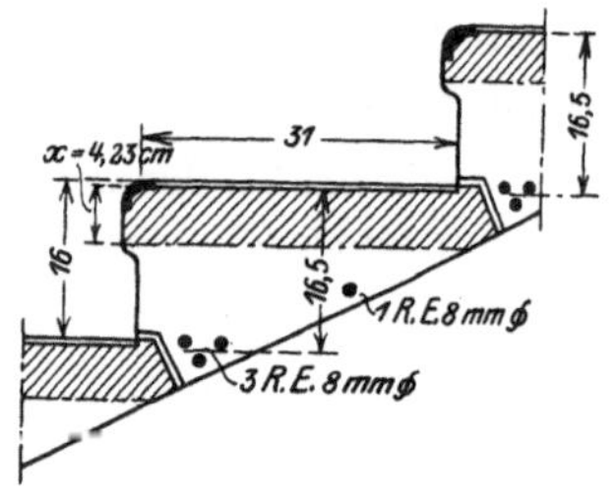

Fig. 38.

Außer diesen Eiseneinlagen sind mit Rücksicht auf den Transport der Stufen je nach der Stufenlänge besondere Eiseneinlagen vorzusehen.

In der nachstehenden Zahlentafel F sind für die meist üblichen Steigungsverhältnisse der Treppen und einer größeren Anzahl

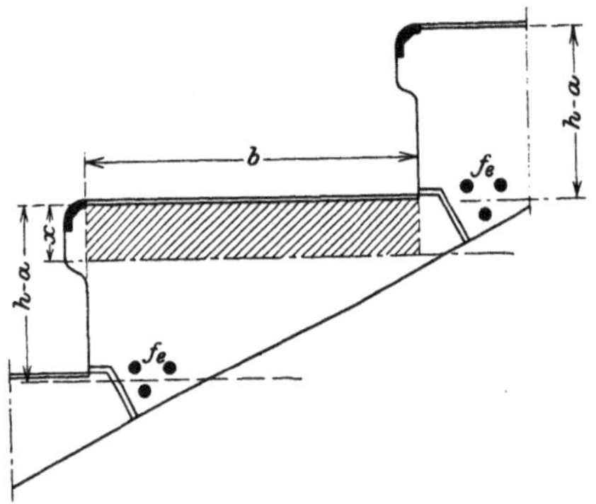

Fig. 39.

Biegungsmomente die Werte x, f_e und σ_b unter der Annahme ermittelt, daß das Eisen bis zu seinem zulässigen Wert $\sigma_e = 1000$ kg/qcm ausgenutzt wird.

Die x-Werte sind angenähert ermittelt, dürften aber hinreichende Genauigkeit aufweisen.

Zahlentafel F (zum Abschnitt „Kunststeinstufen").

	Steigungsverhältnis 15/33 cm, $h - a = 15{,}5$ cm, $b = 33$ cm, Gewicht der Stufe für 1 lfd. m 120 kg.				Steigungsverhältnis 16/31 cm, $h - a = 16{,}5$ cm, $b = 31$ cm, Gewicht für 1 lfd. m 120 kg.			
M cmkg	x cm	f_e qcm	σ_e kg/qcm	σ_b kg/qcm	x cm	f_e qcm	σ_e kg/qcm	σ_b kg/qcm
4 000	1,76	0,27	1000	9,2	1,82	0,25	1000	8,9
5 000	1,97	0,34	1000	10,4	2,03	0,32	1000	10,0
6 000	2,16	0,41	1000	11,4	2,23	0,38	1000	11,0
7 000	2,33	0,48	1000	12,4	2,40	0,45	1000	11,9
8 000	2,49	0,55	1000	13,3	2,57	0,51	1000	12,8
9 000	2,64	0,62	1000	14,1	2,72	0,58	1000	13,7
10 000	2,79	0,69	1000	14,9	2,88	0,64	1000	14,4
11 000	2,92	0,76	1000	15,7	3,01	0,71	1000	15,2
12 500	3,12	0,86	1000	16,8	3,21	0,81	1000	16,3
14 000	3,29	0,97	1000	17.9	3,40	0,91	1000	17,2
15 500	3,47	1,08	1000	18,8	3,58	1,01	1000	18,2
17 000	3,59	1,19	1000	20,0	3,70	1,11	1000	19,2
18 500	3,70	1,30	1000	21,4	3,83	1,21	1000	20,6
20 000	3,82	1,41	1000	22,3	3,94	1,32	1000	21,6
22 000	4,00	1,55	1000	23,5	4,13	1,46	1000	22,7
24 000	4,18	1,70	1000	24,6	4,32	1,59	1000	23,8
26 000	4,35	1,85	1000	25,7	4,49	1,73	1000	24,9
28 000	4,52	2,00	1000	26,8	4,66	1,87	1000	25,9
30 000	4,67	2,16	1000	27,9	4,82	2,02	1000	27,0
32 000	4,74	2,30	1000	28,9	4,88	2,16	1000	28,5
34 000	4,86	2,45	1000	30,6	5,03	2,29	1000	29,2
36 000	4,97	2,60	1000	31,7	5,13	2,43	1000	30,6
38 000	5,09	2,75	1000	32,7	5,24	2,57	1000	31,7
40 000	5,22	2,92	1000	34.0	5,37	2,72	1000	32,5
42 000	5,36	3,06	1000	34,6	5,51	2,87	1000	33,5

Noch: Zahlentafel F.

	Steigungsverhältnis 17/29 cm, $h-a=17{,}5$ cm, $b=29$ cm, Gewicht für 1 lfd. m 120 kg.				Steigungsverhältnis 18/27 cm, $h-a=18{,}5$ cm, $b=27$ cm, Gewicht für 1 lfd. m 120 kg.			
M	x	f_e	σ_e	σ_b	x	f_e	σ_e	σ_b
cmkg	cm	qcm	kg/qcm	kg/qcm	cm	qcm	kg/qcm	kg/qcm
4 000	1,88	0,24	1000	8,7	1,95	0,22	1000	8,6
5 000	2,10	0,30	1000	9,8	2,18	0,28	1000	9,5
6 000	2,30	0,36	1000	10,7	2,38	0,34	1000	10,9
7 000	2,48	0,42	1000	11,6	2,57	0,40	1000	11,4
8 000	2,66	0,48	1000	12,4	2,75	0,46	1000	12,2
9 000	2,82	0,54	1000	13,2	2,92	0,51	1000	13,0
10 000	2,97	0,61	1000	14,1	3,08	0,57	1000	13,7
11 000	3,12	0,67	1000	14,8	3,23	0,63	1000	14,4
12 500	3,32	0,76	1000	15,8	3,44	0,72	1000	15,5
14 000	3,52	0,86	1000	16,6	3,64	0,81	1000	16,4
15 500	3,70	0,96	1000	17,7	3,83	0,90	1000	17,3
17 000	3,83	1,05	1000	18,6	3,97	0,99	1000	18,2
18 500	3,98	1,14	1000	20,1	4,11	1,08	1000	19,7
20 000	4,07	1,24	1000	21,0	4,24	1,16	1000	20,4
22 000	4,27	1,37	1000	22,1	4,42	1,29	1000	21,6
24 000	4,46	1,50	1000	23,0	4,62	1,42	1000	22,6
26 000	4,64	1,63	1000	24,2	4,81	1,54	1000	23,6
28 000	4,81	1,76	1000	25,2	4,99	1,66	1000	24,6
30 000	4,99	1,89	1000	26,1	5,17	1,79	1000	25,6
32 000	5,05	2,02	1000	27,5	5,23	1,91	1000	27,0
34 000	5,21	2,16	1000	28,5	5,40	2,03	1000	27,8
36 000	5,33	2,29	1000	29,8	5,53	2,16	1000	29,1
38 000	5,43	2,42	1000	30,7	5,63	2,29	1000	29,9
40 000	5,58	2,56	1000	31,6	5,78	2,41	1000	31,0
42 000	5,72	2,70	1000	32,4	5,92	2,54	1000	31,6

Additional material from *Eisenbetondecken, Eisensteindecken und Kunststeinstufen,*
ISBN 978-3-662-32220-8, is available at http://extras.springer.com

Für die Ausführung ist der Eisenquerschnitt zweckmäßig etwas größer zu wählen als nach der Zahlentafel F erforderlich.

Z. B. eine beidseitig frei aufliegende Stufe zu einer Massivtreppe mit 15/33 cm Steigungsverhältnis hat ein Biegungsmoment von rund 8000 cmkg aufzunehmen.

Nach der Zahlentafel F ist für $M = 8000$ cm/kg, $h - a = 15{,}5$ cm, und $b = 33$ cm — $x = 2{,}49$ cm, $f_e = 0{,}55$ qcm, $\sigma_e = 1000$ kg/qcm und $\sigma_b = 13{,}3$ kg/qcm. Verwendet werden 2 R.-E. von 0,8 cm Durchmesser mit $f_e = 1{,}0$ qcm. Außerdem wird noch mit Rücksicht auf den Transport 1 R.-E. von 0,8 cm Durchmesser angeordnet. Die Anordnung der Eisen im Stufenquerschnitt zeigt Fig. 40.

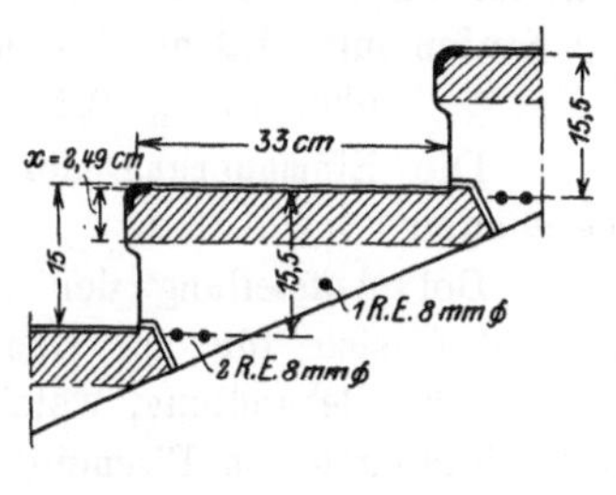

Fig. 40.

2. Freitragende Stufen.

Die statischen Verhältnisse einer freitragenden Treppe, bei welcher jede Stufe einseitig eingemauert ist und außerdem noch auf der nächstunteren Stufe auflagert, sind noch wenig geklärt.

Die freitragenden Stufen werden bei irgend einer Belastung jedenfalls vorwiegend auf Drehung und Biegung beansprucht; gleichzeitig wird aber bei den meisten derartigen Treppen eine gewölbeartige Verspannung wirksam sein, durch welche die Tragfähigkeit der Treppe günstig beeinflußt wird.

Solange nicht durch Versuche einwandfreie Unterlagen hinsichtlich der Drehungsfestigkeit der zur Verwendung kommenden Materialien, bei Gesteinen auch hinsichtlich der Biegungsfestigkeit, vorliegen, kann der ganzen statischen Untersuchung einer freitragenden Treppe nur ein zweifelhafter Wert zuerkannt werden. Freitragende Stufen aus Eisenbeton werden meist als Kragträger berechnet.

Bei dieser Berechnungsweise und 500 kg/qm Nutzlast genügt der mit Rücksicht auf das Steigungsverhältnis der Treppe gewählte, mit Zugeisen versehene Stufenquerschnitt nur für eine Vorkragung von rd. 1,2 m; für größere Vorkragungen muß der Druckgurt der Stufe Eiseneinlagen erhalten oder der Betonquerschnitt der Stufe ist so zu vergrößern, daß die Druckspannungen den zulässigen

Wert nicht überschreiten. Wird von der Aufstellung einer statischen Berechnung aus irgendwelchen Gründen abgesehen, so muß die genügende Tragfähigkeit der Konstruktion durch Probebelastung nachgewiesen werden. Die Einmauerungstiefe der Stufen darf in keinem Falle unter 20 cm betragen.

Stufen mit 1,2 bis 1,5 m Vorkragung 25 cm Einmauerung.
„ über 1,5 „ 2,1 „ „ 30 „ „

Die Einmauerung der Stufen muß mit besonderer Sorgfalt geschehen.

Bei Aufstellung der statischen Berechnung solcher Stufen empfiehlt sich für die Ermittelung der Lage der Nullinie die graphische Behandlung, welche auch bei Platten und Plattenbalken mit biegungsfesten Eiseneinlagen sowie bei Querschnitten mit beliebiger Form mit Vorteil Anwendung finden kann.

Die graphische Behandlung solcher Verbundquerschnitte kann in einfacher Weise nach den für Querschnitte aus homogenem Material üblichen Verfahren erfolgen, nur sind die Eisenflächen mit dem $n = 15$ fachen Wert einzuführen.

Der Betonquerschnitt wird in eine Anzahl Flächenstreifen zerlegt und werden die Inhalte dieser Flächenstreifen sowie die $n = 15$ fachen Eisenquerschnitte als Kräfte in zwei Kraftecken mit gemeinsamem Polabstand H aufgetragen. Zu diesen beiden Kraftecken werden zwei Seilecken gezeichnet. Durch den Schnittpunkt beider Seilecken geht die Nullinie des Verbundquerschnittes (vergl. Fig. 1, 4 u. Tafel).

Das Trägheitsmoment des wirksamen Verbundquerschnittes, bezogen auf die Nullinie, ist:

$$J = 2 \,.\, H \,.\, \text{Fläche } A \,.\, B \,.\, C.$$

Der Inhalt der Fläche $A \,.\, B \,.\, C$ bestimmt sich nach der Simpsonschen Regel:

$$F = \frac{1}{6} \cdot l\,(y_0 + 4 \,.\, y_m + y_1).$$

Die Widerstandsmomente:

$$W_d = \frac{J}{e_d} \quad \text{und} \quad W_z = \frac{J}{n \,.\, e_z}.$$

Die Spannungen:

$$\sigma_b = \frac{M}{W_d} \quad \text{und} \quad \sigma_e = \frac{M}{W_z}.$$

21. Beispiel. Freitragende Stufe mit 2,1 m Vorkragung. Der gewählte Stufenquerschnitt wird durchweg beibehalten, der Druckgurt erhält Eiseneinlagen. Die Zugspannungen im Beton werden nicht berücksichtigt.

Steigungsverhältnis 16/31 cm.

Untersucht werden die Querschnitte I, II und III (Fig. 2 u. Tafel).

Belastung der Stufen für 1 m:

Eigengewicht	120 kg
Nutzlast 0,31 . 1,0 . 500 . . =	155 „
	275 kg/m

Querschnitt I (Fig. 2).

7 R.-E. von 0,9 cm Durchmesser im Zuggurt, 4 R.-E. von 1,9 cm Durchmesser im Druckgurt:

$$M_{\mathrm{I}} = 275 \,.\, 2{,}1 \,.\, 105 = 60640 \text{ cmkg},$$

Fläche $A_{\mathrm{I}} \,.\, B_{\mathrm{I}} \,.\, C_{\mathrm{I}}$

$$\frac{10{,}7 \,.\, 5{,}72}{2} + \frac{5{,}72}{6} \cdot (0 + 4 \,.\, 1{,}58 + 5{,}2) = 41{,}58 \text{ qcm},$$

$$J = 2 \,.\, H \,.\, \text{Fläche } A_{\mathrm{I}} \,.\, B_{\mathrm{I}} \,.\, C_{\mathrm{I}} = 2 \,.\, 125 \,.\, 41{,}58 = 10395 \text{ cm}^4,$$

$$W_d = \frac{10395}{6{,}7} = 1551 \text{ cm}^3, \quad W_z = \frac{10395}{15 \,.\, 10{,}7} = 65 \text{ cm}^3.$$

Die Spannungen $\sigma_b = \frac{60640}{1551} = 39{,}1$ kg/qcm,

$$\sigma_e = \frac{60640}{65} = 933 \text{ kg/qcm}.$$

Querschnitt II (Fig. 2).

4 R.-E. von 0,9 cm Durchmesser im Zuggurt, 2 R.-E. von 1,9 cm Durchmesser im Druckgurt:

$$M_{\mathrm{II}} = 275 \,.\, 1{,}6 \,.\, 80 = 35200 \text{ cmkg},$$

Fläche $A_{\mathrm{II}} \,.\, B_{\mathrm{II}} \,.\, C_{\mathrm{II}}$

$$\frac{11{,}2 \,.\, 3{,}45}{2} + \frac{3{,}45}{6} \cdot (0 + 4 \,.\, 1{,}5 + 4{,}7) = 25{,}47 \text{ qcm},$$

$$J = 2 \,.\, 125 \,.\, 25{,}47 = 6468 \text{ cm}^4,$$

$$W_d = \frac{6468}{6,2} = 1043 \text{ cm}^3, \qquad W_z = \frac{6468}{15 \,.\, 11,2} = 38,5 \text{ cm}^3,$$

$$\sigma_b = \frac{35200}{1043} = 33,7 \text{ kg/qcm}, \qquad \sigma_e = \frac{35200}{38,5} = 914 \text{ kg/qcm}.$$

Querschnitt III (Fig. 2).

3 R.-E. von 0,9 cm Durchmesser im Zuggurt:

$$M_{\text{III}} = 275 \,.\, 1,2 \,.\, 60 = 19800 \text{ cmkg},$$

Fläche $A_{\text{III}} \,.\, B_{\text{III}} \,.\, C_{\text{III}}$

$$\frac{9,7 \,.\, 2,17}{2} + \frac{2,17}{6} \cdot (0 + 4 \,.\, 1,7 + 6,2) = 15,2 \text{ qcm},$$

$$J = 2 \,.\, 125 \,.\, 15,2 = 3800 \text{ cm}^4,$$

$$W_d = \frac{3800}{7,7} = 494 \text{ cm}^3, \qquad W_z = \frac{3800}{15 \,.\, 9,7} = 26,1 \text{ cm}^3,$$

$$\sigma_b = \frac{19800}{494} = 40 \text{ kg/qcm}, \qquad \sigma_e = \frac{19800}{26,1} = 760 \text{ kg/qcm}.$$

Die Anordnung der Eiseneinlagen zeigen Fig. 1 und 2.

Wird der gewählte Stufenquerschnitt nur mit Zugeisen versehen, so genügt derselbe rechnungsmäßig also nur für eine Vorkragung von 1,2 m.

22. Beispiel. Freitragende Stufe mit 2,1 m Vorkragung. Der Betonquerschnitt der Stufe wird verstärkt, damit Eiseneinlagen im Druckgurt nicht erforderlich sind.

Die angenommene konsolartige Verstärkung des Betonquerschnittes zeigt Fig. 4.

Um eine ebene Untersicht und doch senkrecht zur Mauer laufende Fugen zu behalten, ist die Fugenform etwas geändert; die sich ergebenden scharfen Kanten können abgeschrägt werden.

Die leichte Formgebung des Betons gestattet jede Ausbildung der Stufenuntersicht, so daß hinsichtlich des Aussehens eine befriedigende Wirkung erzielt werden kann.

Querschnitt I (Fig. 5).

6 R.-E. von 0,8 cm Durchmesser im Zuggurt:

$$M_{\text{I}} = (150 + 155) \,.\, 2,1 \,.\, 105 = 67250 \text{ cmkg},$$

$$\text{Fläche } A_{\mathrm{I}} . B_{\mathrm{I}} . C_{\mathrm{I}} = \frac{18{,}7 \,.\, 6{,}8}{2} + \frac{6{,}8}{6} \cdot (0 + 4 \cdot 2{,}8 + 11{,}2) = 88{,}8 \text{ qcm},$$

$$J = 2 \,.\, 125 \,.\, 88{,}8 = 22\,200 \text{ cm}^4,$$

$$W_d = \frac{22\,200}{12{,}5} = 1776 \text{ cm}^3, \quad W_z = \frac{22\,200}{15 \,.\, 18{,}7} = 79 \text{ cm}^3,$$

$$\sigma_b = \frac{67\,250}{1776} = 38 \text{ kg/qcm}, \quad \sigma_e = \frac{67\,250}{79} = 850 \text{ kg/qcm}.$$

Querschnitt II (Fig. 5).

4 R.-E. von 0,8 cm Durchmesser im Zuggurt:

$$M_{\mathrm{II}} = (130 + 155) \,.\, 1{,}6 \,.\, 80 = 36\,480 \text{ cmkg},$$

Fläche $A_{\mathrm{II}} . B_{\mathrm{II}} . C_{\mathrm{II}}$

$$\frac{14{,}53 \,.\, 3{,}65}{2} + \frac{3{,}65}{6} \cdot (0 + 4 \,.\, 2{,}25 + 8{,}8) = 37{,}3 \text{ qcm},$$

$$J = 2 \,.\, 125 \,.\, 37{,}3 = 9325 \text{ cm}^4,$$

$$W_d = \frac{9325}{9{,}97} = 935 \text{ cm}^3, \quad W_z = \frac{9325}{15 \,.\, 14{,}53} = 42{,}8 \text{ cm}^3,$$

$$\sigma_b = \frac{36\,480}{935} = 39 \text{ kg/qcm}, \quad \sigma_e = \frac{36\,480}{42{,}8} = 852 \text{ kg/qcm}.$$

Querschnitt III (Fig. 5).

3 R.-E. von 0,8 cm Durchmesser im Zuggurt:

$$M_{\mathrm{III}} = 275 \,.\, 1{,}16 \,.\, 58 = 18\,500 \text{ cmkg},$$

Fläche $A_{\mathrm{III}} . B_{\mathrm{III}} . C_{\mathrm{III}}$

$$\frac{10{,}2 \,.\, 1{,}9}{2} + \frac{1{,}9}{6} \cdot (0 + 4 \,.\, 1{,}8 + 6{,}38) = 13{,}99 \text{ qcm},$$

$$J = 2 \,.\, 125 \,.\, 13{,}99 = 3497 \text{ cm}^4,$$

$$W_d = \frac{3497}{7{,}5} = 466{,}3 \text{ cm}^3, \quad W_z = \frac{3497}{15 \,.\, 10{,}2} = 22{,}8 \text{ cm}^3,$$

$$\sigma_b = \frac{18\,500}{466{,}3} = 40 \text{ kg/qcm}, \quad \sigma_e = \frac{18\,500}{22{,}8} = 810 \text{ kg/qcm}.$$

VI. Anhang.

Querschnittstabellen.

Rundeisen.

Durchmesser mm	Gewicht kg/m	Umfang cm	Querschnitt in Quadratzentimetern: 1 Stück	2 Stück	3 Stück	6 Stück	9 Stück
5	0,153	1,57	0,20	0,39	0,59	1,18	1,77
6	0,220	1,89	0,28	0,56	0,85	1,70	2,55
7	0,300	2,20	0,38	0,77	1,15	2,31	3,46
8	0,392	2,51	0,50	1,00	1,51	3,01	4,52
9	0,496	2,83	0,64	1,27	1,91	3,82	5,73
10	0,612	3,14	0,79	1,57	2,36	4,71	7,07
11	0,740	3,46	0,96	1,90	2,85	5,70	8,55
12	0,881	3,77	1,13	2,26	3,39	6,79	10,18
13	1,034	4,08	1,33	2,65	3,98	7,96	11,94
14	1,199	4,40	1,54	3,08	4,62	9,24	13,86
15	1,377	4,71	1,76	3,53	5,30	10,60	15,90
16	1,568	5,03	2,01	4,02	6,03	12,06	18,09
17	1,768	5,34	2,27	4,54	6,81	13,62	20,43
18	1,983	5,65	2,54	5,09	7,63	15,26	22,86
19	2,209	5,97	2,84	5,67	8,51	17,02	25,55
20	2,488	6,28	3,14	6,28	9,42	18,84	28,26
21	2,702	6,60	3,46	6,92	10,38	20,76	31,14
22	2,962	6,91	3,80	7,60	11,40	22,80	34,20
23	3,241	7,23	4,15	8,30	12,45	24,90	37,35
24	3,525	7,54	4,52	9,05	13,57	27,14	40,68
25	3,824	7,85	4,91	9,82	14,73	29,45	44,19
26	4,136	8,17	5,31	10,62	15,93	31,86	47,79
27	4,466	8,48	5,73	11,46	17,19	34,38	51,57
28	4,797	8,80	6,16	12,31	18,47	36,94	55,44
29	5,152	9,11	6,61	13,22	19,83	39,66	59,49
30	5,507	9,42	7,07	14,14	21,21	42,42	63,63

Noch: Querschnittstabellen.

Quadrateisen.

Seitenlänge mm	Gewicht kg/m	Umfang cm	Querschnitt in Quadratzentimetern: 1 Stück	2 Stück	3 Stück	6 Stück	9 Stück
5	0,195	2,0	0,25	0,50	0,75	1,50	2,25
6	0,281	2,4	0,36	0,72	1,08	2,16	3,24
7	0,382	2,8	0,49	0,98	1,47	2,94	4,41
8	0,499	3,2	0,64	1,28	1,92	3,84	5,76
9	0,632	3,6	0,81	1,62	2,43	4,86	7,29
10	0,780	4,0	1,00	2,00	3,00	6,00	9,00
11	0,944	4,4	1,21	2,42	3,63	7,26	10,89
12	1,123	4,8	1,44	2,88	4,32	8,64	12,96
13	1,318	5,2	1,69	3,38	5,07	10,14	15,21
14	1,529	5,6	1,96	3,92	5,88	11,76	17,64
15	1,755	6,0	2,25	4,50	6,75	13,50	20,25
16	1,997	6,4	2,56	5,12	7,68	15,36	23,04
17	2,254	6,8	2,89	5,78	8,67	17,34	26,01
18	2,527	7,2	3.24	6,48	9,72	19,44	29,16
19	2,816	7,6	3,61	7,22	10,83	21,66	32,49
20	3,120	8,0	4,00	8,00	12,00	24,00	36,00
21	3,440	8,4	4,41	8,82	13,23	26,46	39,69
22	3,775	8,8	4,84	9,68	14,52	29,04	43,56
23	4,126	9,2	5,29	10,58	15,87	31,74	47,61
24	4,493	9,6	5,76	11,52	17,28	34,56	51,84
25	4,875	10,0	6,25	12,50	18,75	37,50	56,25
26	5,273	10,4	6,76	13,52	20,28	40,56	60,84
27	5,686	10,8	7,29	14,58	21,87	43,74	65,61
28	6,115	11,2	7,84	15,68	23,52	47,04	70,56
29	6,560	11,6	8,41	16,82	25,23	50,46	75,69
30	7,020	12,0	9,00	18,00	27,00	54,00	81,00

Noch: Querschnittstabellen.

Bandeisen.

Abmessungen in Millimetern		Gewicht	Umfang	Querschnitt in Quadratzentimetern:				
Breite	Stärke	kg/m	cm	1 Stück	2 Stück	3 Stück	6 Stück	9 Stück
13	4	0,40	3,4	0,52	1,04	1,56	3,12	4,68
13	5	0,51	3,6	0,65	1,30	1,95	3,90	5,58
15	4	0,47	3,8	0,60	1,20	1,80	3,60	5,40
15	5	0,59	4,0	0,75	1,50	2,25	4,50	6,75
16	2	0,25	3,6	0,32	0,64	0,96	1,92	2,88
16	3	0,40	3,8	0,48	0,96	1,44	2,88	4,32
16	4	0,50	4,0	0,64	1,28	1,92	3,84	5,76
16	5	0,62	4,2	0,80	1,60	2,40	4,80	7,20
18	2	0,28	4,0	0,36	0,72	1,08	2,16	3,24
18	3	0,45	4,2	0,54	1,08	1,62	3,24	4,86
18	5	0,70	4,6	0,90	1,80	2,70	5,40	8,10
20	2	0,31	4,4	0,40	0,80	1,20	2,40	3,60
20	3	0,50	4,6	0,60	1,20	1,80	3,60	5,40
20	4	0,62	4,8	0,80	1,60	2,40	4,80	7,20
20	5	0,78	5,0	1,00	2,00	3,00	6,00	9,00
23	2	0,36	5,0	0,46	0,92	1,38	2,76	4,14
23	3	0,58	5,2	0,69	1,38	2,07	4,14	6,21
23	4	0,72	5,4	0,92	1,84	2,76	5,52	8,28
23	5	0,90	5,6	1,15	2,30	3,45	6,90	10,35
26	2	0,41	5,6	0,52	1,04	1,56	3,12	4,68
26	3	0,66	5,8	0,78	1,56	2,34	4,68	7,02
26	4	0,81	6,0	1,04	2,08	3,12	6,24	9,36
26	5	1,01	6,2	1,30	2,60	3,90	7,80	11,70
30	2	0,47	6,4	0,60	1,20	1,80	3,60	5,40

Belastungsangaben

nach den Bestimmungen vom 31. Januar 1910.

Gegenstand	Stärke cm	Eigengewicht kg/qm
I. Eigengewichte.		
Klinker in Zementmörtel	1	19,0
Hartbrandsteine in Kalkzementmörtel	1	18,0
Hintermauerungssteine in Kalkmörtel	1	16,0
Porige Vollsteine	1	11,0
Lochsteine	1	13,0
Porige Lochsteine	1	11,0
Schwemmsteine	1	10,0
Korksteine	1	6,0
Kalksandsteine	1	18,0
Kunstsandstein	1	21,0
Zementmörtel	1	21,0
Kalkzementmörtel	1	19,0
Kalkmörtel	1	17,0
Traßmörtel	1	20,0
Gips (gegossen)	1	10,0
Kiesbeton mit Granitschotter u. dergl.	1	22,0
„ „ „ einschl. Eiseneinlagen	1	24,0
Beton aus Ziegelschotter	1	18,0
„ „ Kohlenschlacke, Koks oder Bimskies	1	10,0
Erde, Sand, Lehm naß	1	21,0
„ „ „ trocken	1	16,0
Kiesschüttung naß	1	20,0
„ trocken	1	17,0
Koksasche — Kohlenschlacke	1	7,0
Bimssteinsand	1	7,0
Zement und Zementfliesen	1	22,0
Gipsestrich	1	21,0
Terrazzo	1	20,0
Gußasphalt	1	14,0
Tonfliesen	1	20,0
Linoleumbelag	0,4	5,0
Korkplatten als Unterlage	1	3,0
Glasbelag	1	26,0
Kiefernholzdielen	1	6,5

Noch: Belastungsangaben.

Gegenstand	Stärke cm	Eigengewicht kg/qm
Fichtenholzdielen	1	5,5
Tannenholzdielen	1	6,0
Lärchenholz	1	6,5
Pitschpine (Pechkiefer)	1	9,0
Yellowpine	1	7,0
Eichenholzdielen	1	9,0
Buchenholzdielen	1	7,5
Torgament	2	30,0
Xylolith	2	35,0
II. Belastungen.		
Nutzlast in Wohngebäuden und kleineren Geschäftsgebäuden	—	Nutzlast 250
Nutzlast in Versammlungssälen, Unterrichtsräumen, Turnhallen, Warenhäusern, Fabriken, wenn nicht nach den vorliegenden Umständen größere Belastungen anzunehmen sind	—	500
Nutzlast für Decken unter Durchfahrten und befahrenen Höfen, soweit nicht größere Einzellasten (Raddruck) zu erwarten sind	—	800
Treppennutzlast	—	500
In Lagerräumen ist die Nutzlast nach dem Eigengewicht der zu lagernden Stoffe und der Höhe der Lagerung zu ermitteln. Dabei ist die Nutzlast für die Gänge, sofern sie nur geschäftlichen Zwecken dienen, nicht aber zur Benutzung durch das Publikum bestimmt sind, mit 150 kg/qm in Rechnung zu stellen	—	—
Nutzlast in Dachbodenräumen städtischer Wohngebäude	—	125
Nutzlast für Aktengerüste und Schränke in Registraturen, Bibliotheken, Archiven usw. einschl. der Hohlräume	—	500 kg/cbm

Eigengewicht
einiger in Lagerräumen zu lagernder Stoffe.

Gegenstand	kg/cbm	Gegenstand	kg/cbm
Heu und Stroh	100	Zucker	750
Preßheu und -Stroh . . .	280	Fleischkonserven	480
Weizen	760	Zement, lose eingesch. . .	1400
Roggen	700	Zement, eingerüttelt . .	1750
Gerste	580	Braunkohlen	700
Hafer	430	Steinkohlen	900
Mehl und Gries	700	Salz	900
Hülsenfrüchte (Bohnen, Erbsen usw.)	830	Holz, gespalten und geschichtet	400
Gras und Klee	350	Hausmüll	660
Torf	600	Eis	910
Kartoffeln	700	Koks	450
Kernobst	350	Papier	1100

In Säcken geschichtet beträgt das Gewicht nur $^4/_5$ von dem angegebenen.